安全优质高效生产
与加工技术

蒋迎春　潘思轶●主编

U0232785

长江出版传媒　湖北科学技术出版社

序 言
Preface

为提高科研院校农业科技成果转化率，提升农村农技推广服务能力，因应我国农业发展新常态，实现农业发展方式转变和供给侧结构调整，农业部办公厅、财政部办公厅先后联合印发《推动科研院校开展农技推广服务试点实施指导意见》和农财【2015】48号文《关于做好推动科研院校开展重大农技推广服务试点工作》的通知，选择10个省（直辖市）为试点省份，依托科研院校开展重大农技推广服务试点工作，支持发展"科研试验基地+区域示范基地+基础推广服务体系+农户"的链条式农技推广服务新模式，形成以主导产业为核心，技术创新为引领，通过技术示范、技术培训、信息传播等途径开展新型推广服务体系建设，使科学技术在农业产业落地生根、开花结果。

湖北是我国重要的农业大省，是全国粮油、水产和蔬菜生产大省，也是本次试点省之一，根据全省产业特点，我省选择水稻和园艺作物（蔬菜、柑橘）两个主导产业开始试点工作。湖北园艺产业(蔬菜、柑橘)区位优势和区域特色明显，已被列入全国蔬菜、柑橘生产优势产区，是湖北农民增收的重要产业。湖北省是蔬菜的适宜产区，十三大类560多个种类的蔬菜能四季生长，周年供应。2014年全省蔬菜（含菜、瓜、菌、芋）播种面积1890万亩左右，总产量4000万吨左右，蔬菜总产值1070亿元，对全省农民人均纯收入的贡献超过850元；全省柑橘栽培面积368万亩，产量437万吨，产值近百亿元。

湖北省园艺产业重大农技推广服务试点项目围绕我省有区域特色的高山蔬菜、水生蔬菜、露地越冬蔬菜、食用菌、柑橘等，集成应用名优蔬菜新品种50个，成熟实用的产业技术50项，组建8个园艺作物（蔬菜、柑橘）安全生产技术服务体系。本系列丛书正是以示范推广的100余项新品种、新技术、新模式为基础，编写的《湖北省园艺产业农技推广实用技术》丛书，全书图文并茂，言简意赅，技术内容针对性、实用性较强，值得广大农民朋友、生产干部、农技推广服务工作者借鉴与参考，也是我省依托科技实现园艺产业精准扶贫的好读本。

湖北省农业科学院党委书记
湖北省农业厅党组成员

刘晓洪

2015年9月

目 录
Contents

目 录
Contents

一、柑橘优良新品种介绍

由于柑橘在植物学上的分类比较复杂，因此，为了便于区分和栽培管理，在生产上通常将栽培品种分为宽皮柑橘、甜橙、杂柑、柚、柠檬、金柑等。宽皮柑橘又分为柑类和橘类，包括在国内主要栽培的温州蜜柑、椪柑，以及砂糖橘、本地早、乳橘、克里曼丁等。甜橙可分为普通甜橙、脐橙、夏橙、血橙等。这里介绍几种适合宜昌地区，尤其是宜都产区栽培的柑橘优良新品种，以供参考。

（一）温州蜜柑

温州蜜柑是我国栽培范围最广、规模最大的柑橘，按成熟期可分为特早熟温州蜜柑、早熟温州蜜柑、中熟温州蜜柑及晚熟温州蜜柑品系。特早熟温州蜜柑的主要品种有：日南1号、大分、桥本、胁山、宫本、市文、宣恩早、早津、山川、稻叶、大浦、德森、隆园早等。早熟温州蜜柑的主要品种有：龟井、国庆1号、宫川、兴津、立间、鄂柑2号、松山等。中熟及晚熟温州蜜柑的主要品种有：尾张、南柑20号、涟红、山田温州、青岛温州、寿太郎温州等。

温州蜜柑优良品种要求果实大小100～130克，果实扁平（果形指数0.75左右最佳），果皮薄而光滑，可溶性固形物含量：特早熟品种10%以上，早熟品种12%以上，固酸比10∶1以上，果肉化渣性好。

1. 日南1号

从兴津早熟温州蜜柑芽变中选育出的特早熟温州蜜柑新品种。树势稍开张，在一般温州蜜柑中属于中庸的树势，但是在极早熟温州蜜柑中则属于较强的树势。果实在开始结果的一两年为高圆形，3年后呈扁圆形，平均单果重110克。果皮橙黄色，较光滑，易剥皮。果肉橙红色，囊壁薄而化渣，汁多，味甜，可溶性固形物含量10%～11%，9月中旬果皮开始着色，10月中旬完全着色，比兴津要早20天，比宫本早7天，在高温条

件下着色良好。日南1号树势较强,大小年不明显,丰产性较好。果实成熟早、产量较高、品质优良、经济效益好,是发展前景较好的特早熟柑橘优良品种之一。

2. 大分4号

日本大分县柑橘试验场以今田早生温州蜜橘与八朔杂交的珠心胚实生选育的一个特早熟品种。该品种树势强,单果重约118克,果形扁平或圆形,果面油胞明显,减酸早,糖度高。9月初开始上色,中旬前后可采收上市,成熟期比日南1号、山川等特早熟温州蜜柑还要早10～15天。可溶性固形物含量9%～10%,酸含量0.9%～1%,甜酸适度。如果延后至10月中旬采摘,糖度可达12%,风味更佳。成熟早,品质优良,丰产稳产,是温州蜜柑结构调整的优良品种。

3. 宫本

日本从宫川温州蜜柑变异枝中选育而成。果实扁平,大小一致,平均单果重135.5克,橙黄色,果顶平,油胞稍凸起。9月中旬成熟,10月初完全上色,可溶性固形物含量8%以上。若栽培管理条件稍好,可溶性固形物含量可达到10%,含酸1%以下,较宫川提早15天以上成熟。一般要求在9月中下旬采收上市。若10月中旬后采收,则风味变淡,品质下降。

4. 大浦

大浦系特早熟温州蜜柑,由日本佐贺县太良町从山崎早熟温州蜜柑的枝变中优选出来。树势在特早熟温州蜜柑中属于较强的。果实扁圆、较大,单果重150克左右。果皮薄,光滑,果色橙黄。果肉细嫩,无核,品质好。9月中旬采收的果实,可食率85%,可溶性固形物含量8%～9%,糖含量7克/100毫

升。酸含量（0.9～1.0）克/100毫升。极早熟，8月底、9月初开始着色，9月中上旬成熟。

5. 鄂柑2号

鄂柑2号为宜都市农业局、华中农业大学等单位从龟井温州蜜柑园中选出的变异单株繁育而成的柑橘品种。商品名：光明早。2004年通过湖北省农作物品种审定委员会的审（认）定。该品种属宽皮柑橘品种，树势较强，树形较开张，叶片较大，萌芽率强，成枝力中等，新梢柔软，花芽分化能力强，一般为单花，以有叶花坐果为主。主要结果母枝为春梢和早秋梢，以春梢结果较好。单性结实，果实无核，高扁圆形，单果重125克左右，大小较均匀，皮薄，可食率高，中心柱较充实。9月下旬开始着色，10月上旬成熟。刚着色时果皮橘黄有光泽，完全成熟时果皮橘红色。品质优良，可溶性固形物含量10.7%，可滴定酸0.88%，总糖6.80%，风味浓郁，爽口化渣。丰产性好，盛果期亩产达

到3000千克。抗寒性与龟井温州蜜柑相似，适应性较强。

6. 龟井2501

龟井2501系湖北省农业科学院果树茶叶研究所从龟井温州蜜柑中选育出的早熟抗寒优良新品系。单果重106.73克，皮薄，果形指数0.76，扁平，可溶性固形物含量12.80%，可滴定酸0.81%，总糖9.32%，高糖，维生素C含量202.6毫克/千克，品质优于对照品种。抗寒性强，质脆化渣，甜酸适度，品质优良，10月上中旬成熟。

7. 兴津

兴津于1966年从日本引入我国，目前在全国柑橘产区广为栽培。树势在早熟温州蜜柑中生长势强，枝梢分布均匀。果实为高扁圆形，单果重150克左右，橙色，果面较光滑。果实品质优，肉质细嫩化渣，甜酸可

口，无核，可食率75%～80%，果汁率54%，可溶性固形物含量11%～13.3%。丰产稳产，果实9月中旬成熟。兴津温州蜜柑的品质、丰产性优于宫川，但结果较宫川稍迟，是目前推广的早熟温州蜜柑。

8. 宫川

宫川目前在全国柑橘产区都有种植。树势中等或偏弱，树冠矮小紧凑，枝条短密，呈丛状。果实为高扁圆形，顶部宽广，蒂部略窄，果面光滑，果色橙红，皮较薄，单果重125～140克。品质优良，细嫩化渣，无核。可溶性固形物含量11%左右，糖含量（9.5～10）克/100毫升，酸含量（0.6～0.7）克/100毫升。果实10月上中旬成熟。宫川温州蜜柑丰产、优质，是我国主栽的早熟温州蜜柑之一。

9. 国庆1号

国庆1号是从湖北省宜昌市窑湾的龟井芽变株系选育而成的。早熟，比龟井早熟7～10天。丰产稳产，适应性较广，较耐寒、耐瘠、化渣、无核，可溶性固形物含量9%以上，品质优。果实9月初开始着色转黄，9月中旬采食，9月下旬全部转黄，10月上旬成熟。

（二）橙类

橙类是世界上栽培最多的柑橘种类，由于不断发生变异，形成了庞大的变异群体。通常分为四类：普通甜橙、脐橙、血橙、无酸甜橙。目前在我国发展较快的是脐橙。脐橙，俗称抱子橘，果顶有脐，着生一个次生果，果实无核、肉脆、化渣、有香气。

1. 纽荷尔脐橙

美国华盛顿脐橙芽变品种。树体中等，枝梢生长势旺盛，树势开张，树冠扁圆形或圆头形，枝梢节间较短，叶色深，结果较朋娜脐橙和罗伯逊脐橙晚。果实椭圆形至长椭圆形，果面橙红，因此在生产中将椭圆形纽荷尔称为圆红，长椭圆形纽荷尔称为长红。外形端正，大小均匀，整齐度好，果实大，单果重200～250克，果面光滑，多为闭脐。果肉细嫩而脆，化渣，汁多，可食率73%～75%，果汁率49%左右，可溶性固形物含量12%～13.5%。糖含量（8.5～10.5）克/100毫升，酸含量1.0%～1.1%，维生素C含量503毫克/千克果汁，品质上乘。果实11月中上旬成熟，采收期一般为11月下旬至12月上旬，耐贮性好。外观美，内质优，可用枳或红橘作砧木。优质、丰产、稳产，且抗日灼、脐黄和裂果，是我国主要推广的脐橙品种。

2. 红肉脐橙

红肉脐橙系秘鲁选育出的一个特异华脐芽变系。树势中等，枝梢紧凑，树姿较开张，树冠圆头形。萌发率和成枝率较强。萌发率为54.1%，成枝率为95.7%。成熟时果

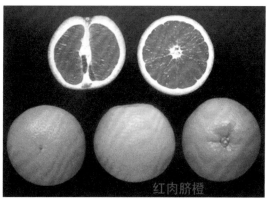

红肉脐橙

实近球形，果形指数0.96。果皮橙红色，果实稍小，平均单果重180~200克，可溶性固形物含量13.29%，总酸0.66%，固酸比20.14：1，维生素C含量572.4毫克/千克，可食率72.15%。油胞大而稀，果蒂处有放射状沟，果面较光滑，有凹点。果实多为闭脐，脐小。该品种最突出的特征是果肉呈均匀的红色，并且因红色系胡萝卜素存在于汁胞壁中，因此，虽然果肉呈红色，但流出的果汁仍为橙色，十分适合用作水果色拉或拼盘。果实12月上旬成熟，早果性好，幼苗定植两年即可始华结果，三年有一定产量。

（三）椪柑类

椪柑又名芦柑，在我国的栽培数量仅次于温州蜜柑，树势强，树姿直立，果实扁圆形或高扁圆形，果皮易剥离。大多数椪柑品种都有种子，成熟期11月上旬至翌年2月。

1. 鄂柑1号（金水柑）

湖北省农业科学院果树茶叶研究所选育。植株生长势强，树姿较直立，果实高腰扁圆形，果顶平或微凹，果基微凹，四周广平，果皮与囊瓣紧贴，油胞小而密生，果皮较薄，中心柱较小。果大或中大，果形端正，高腰，平均单果重143克，橙红色，有光泽。果肉橙色，肉质脆嫩，风味芳香，味浓爽口，品质极优。囊瓣9~11瓣；可溶性固形物含量12%~14%，酸含量0.74%~1.2%，维生素C含量283.5毫克/千克；采收时固酸比15：1，平均种子数10~12粒，可食率63.5%，果汁率52.35%。果实于11月下旬至12月上旬成熟。金水柑早果丰产稳产，抗花期异常高温，抗寒性强，抗病、抗虫性强。果实贮藏性极强，常温下可贮放三四个月。果实色艳美观，商品性强，被列为湖北省柑橘主推品种。

2. 金水椪柑2号

金水椪柑2号系金水柑的优良芽变单株，是经过对其母本树及后代的多年观察选育而成的少核椪柑新品种。该品种适应性强，抗寒，树势生长强旺，丰产稳产，后代遗传稳定。果实品质优良，单果种子数5.5粒，果实高桩扁圆形，果形指数0.98，单果

重155g，可食率75%，风味浓郁，肉质脆嫩而化渣，可溶性固形物含量12.4%，酸含量1.04%，维生素C含量268毫克/千克。果实于11月下旬成熟，早果丰产性好。耐贮，抗寒、抗病性强，适应性广。

3. 早蜜椪柑

早蜜椪柑由辛女椪柑（8306）芽变选育而来，果实扁圆美观，果色橙红，平均单果重124克，果形指数0.76，可食率76.12%，单果种子数约3粒，可溶性固形物含量13.20%～14.6%，维生素C含量470.5毫克/千克，糖酸比17.47，出汁率38.46%。成熟期为11月上旬，抗旱性、耐寒性较强。适合在南方椪柑适栽区推广栽培。

4. 黔阳无核椪柑

黔阳无核椪柑系普通椪柑芽变选育，1998年通过湖南省农作物品种审定委员会

黔阳无核椪柑

审定，是目前全国唯一一个完全无核的椪

柑品种，鲜食加工均可。从湖南引进湖北种植，表现为适应性强，早结丰产，无核性状稳定，品质优。黔阳无核椪柑果实扁圆形，果实横径7.05厘米，纵径5.85厘米，果形指数0.83，平均单果重120克。成熟时果面着色均匀，橙黄色，较光滑，油胞较密，果皮有光泽，易剥离。汁胞倒卵形，排列紧密，橙色。果实可食率76%，可溶性固形物含量12.0%～14.0%，可滴定酸0.70%～0.90%，固酸比（16～20）:1，维生素C含量215毫克/千克。果肉脆嫩、化渣、汁多，甜酸适度，香气浓郁，品质佳。不论是集中成片栽植，还是与有核柑橘混栽，果实均表现无核。耐贮藏，可贮藏至次年2月。在湖北地区栽植，果实11月中旬着色，11月下旬成熟。生产中应注重培育丰产树形，适时进行保花保果，提高坐果率。

（四）橘类

金水橘

湖北省农业科学院果树茶叶研究所选育的无核耐寒乳橘新品种。该品种树势强健，树形开张，树冠自然圆头形。果实扁球形，果面橙黄色或橙色，大小为44.2毫米×32.2毫米，果形指数0.73，平均单果重35.8克。果顶平，微凹，中心有小乳状凸起，有印圈。果皮容易剥离，油胞少、平、芳香。中心柱中空或半中空。囊瓣8～12瓣，肾形，易分离，囊壁薄。汁胞短粗，纺锤形。果肉橙色，细嫩，柔软，多汁，甜酸可口，风味浓，富含香气，品质优良。果实可食率80%，出汁率50%。果汁可溶性固形物含量14.1%，总酸0.76%，总糖12.0%，维生素C含量247毫克/千克。种子无或极少，每果平均种子数0.8粒。丰产性好，6年生枳砧树平均产量1680千克/亩（1亩约等于666.67平方米），12年生壮年树平均产量3800千克/亩。抗寒性强，适应性广，在湖北柑橘主产区都可以种植。

（五）柚类

红肉蜜柚

　　湖北省农业科学院果树茶叶研究所与湖北松滋宗正果业有限公司2008年从福建省联合引进选育的柚类新品种。该品种树势强健，较开张，树冠自然圆头形或多主枝开心形。果实品质优良，平均单果重1590克，平均可溶性固形物含量12.1%，可滴定酸0.87%，维生素C平均含量211毫克/千克，可食率64.2%。无核，汁胞颜色为粉红至深红色。早果性、丰产性好，高接树第二年开花投产，栽植树第四年投产，平均株产30.4千克。第六年以后逐渐进入盛果期，平均株产可达45千克以上。湖北地区果实成熟期在10月下旬至11月上旬。树体适应性强，较耐寒，适合在湖北柚类产区栽植。

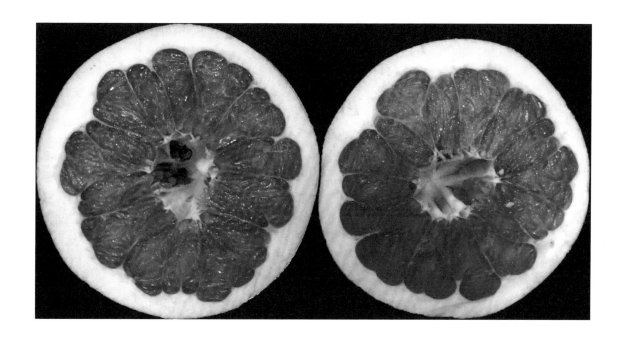

（六）杂柑类

爱媛28号

日本杂交柑橘新品种，系南香×西子香杂交育成，树势旺。果形圆，深橙色，油胞稀，光滑，外形美观，平均果重200克，易剥皮。含糖15%，含酸0.5%以下，无核，口感细嫩化渣，清香爽口，风味极佳。耐贮藏，抗寒性强，丰产极好，结果成串，是一个非常有潜力的早熟杂柑品种。

二、柑橘优质高效栽培

随着人民生活水平的提高以及对柑橘果品的需求，柑橘生产正从产量型向质量型生产转变，向优质化、标准化方向发展。柑橘的优质化主要表现在柑橘内在品质，包括糖、酸、维生素C和矿物质等营养物质的含量，以及外观品质，包括果实大小、性状和色泽等，均有较高品质，并且果品健康，符合绿色食品标准，无农药残留。柑橘生产的标准化主要表现在果实适时采收，并通过果实分级，按统一大小规格进行包装处理。

当前，柑橘栽培正日益与高新技术密切结合，逐渐发挥柑橘优良品种的品质和种植效益，如应用柑橘无病毒化和工厂化育苗技术，生产优质种苗；依靠品种选择、贮藏、工程设施和三峡河谷地区小气候达到果品周年上市；应用人工控制的促成栽培（提早成熟）和抑制栽培（延迟成熟）技术，提高果实品质；利用电脑进行和完善田间管理（如病虫防治、灌水、施肥），进行省力化栽培等。

本章主要介绍柑橘高效育苗技术、柑橘起垄栽培技术、柑橘覆膜控水增糖技术、温州蜜柑完熟采收技术、温州蜜柑隔年交替结果技术、柑橘园生草栽培技术、柑橘园改造技术、柑橘整形修剪技术等。通过运用这些目前较为高效、先进、省力化、实用的柑橘栽培技术，大力提升柑橘品质，达到提质增效的目的。

（一）柑橘高效育苗技术

苗木繁殖是在新品种选育的基础上，应用先进的科学技术和严格的操作程序，将优良品种进行规模繁殖，是柑橘新品种走向生产的第一步。

柑橘的苗木繁育大多采取嫁接的方法进行，其育苗方法一般分为露地育苗和容器育苗。近些年来，随着柑橘产业技术水平的进步和农村劳动力成本的大幅提高，无病毒容器育苗技术在生产上逐步得到推广和普及。无病毒容器苗根系完整，不带病毒，且定植

后无缓苗期，生长迅速，能够提前投产，与普通的露地裸根苗相比，可以增加产量约30%。柑橘无病毒苗木可以克服目前柑橘上出现较普遍、难以用化学药剂防治的黄龙病、裂皮病、衰退病、碎叶病等（类）细菌性或（类）病毒性病害，实现柑橘苗木的无毒化栽培。因此在生产上推广和应用柑橘无病毒苗木具有较大的现实意义。

培育高质量的柑橘无病毒容器苗包括以下要点：建立无病毒母本园和采穗圃；无病毒营养土配制和消毒；培育整齐一致的健壮砧木；最佳的砧穗组合；严格标准的无病毒操作程序等。详细技术程序如下。

1. 建立无病毒母本园和采穗圃

良种母树应该生长健壮，品种纯正，无毒或已经脱除病毒，无病虫害，能够提供健壮的接穗。保存在温室或网室内，以防止自然杂交，每隔两三年检测1次，防止感染病

毒，定期复壮更新。

采穗圃苗木应该直接来源于良种母树，树体健康，长势良好，无病虫害，每年能够提供足够量的接穗直接供生产利用。

2. 无病毒营养土配制和消毒

目前，生产中采用的几种柑橘育苗容器有黑色的聚乙烯塑料袋、硬质的聚乙烯育苗桶和无纺布育苗袋等。塑料袋规格为16厘米×16厘米×36厘米。育苗桶为梯形方桶，规格为桶高38厘米，桶口12厘米，桶底10厘米，桶底有3个排水孔。当然，也可以根据需要定制不同规格的育苗袋或育苗桶。无病毒培养土有很多不同的配方，各地可以因地制宜，就地取材。笔者所用的配方有泥炭土∶谷壳∶河沙=3∶2∶1，泥炭土∶谷壳∶河沙∶园土=3∶2∶1∶1等。总的来说，如果泥炭土过多，则成本太高。如果河沙和谷壳比例过高，将来容器苗定植时很容易散坨裸根。加入适量园土，利于根系成坨，便于移栽；反之，园土过多，则容易造成容器内基质板结，不利于排水。

3. 大棚温室育苗

采用温室育苗，可以提高苗木质量。通过智能化管理，加快苗木生长速度，提前出圃，缩短育苗周期，培育出健壮的大苗。

（1）播种。

柑橘的砧木枳或枳橙一般在10月至翌年1月进行育苗。选择颗粒饱满新鲜的种子，播种前用35～40℃温水浸泡1小时后，加入0.4%的高锰酸钾，充分搅拌。2小时后捞出种子，放入清水中漂洗干净，浸泡72小时后取出放入育秧室，在30～32℃温度下，催芽5天后（90%以上的种子已破壳发芽）播种或者浸泡后直接在20～25℃时进行播种。温室育苗容器为方形硬质塑料盆，长、宽、高分别为71厘米、45厘米、18厘米。盆底均匀打6个直径1厘米的圆孔，以利于排水。用干净或消过毒的粗河沙均匀打底，厚度为1～2厘米，然后用配置好的营养土（草炭土：园土：细河沙=2：1：1或草炭土：园土：谷壳=2：1：1）覆盖于粗沙之上，厚度为8～10厘米，抹平压实后浇透水，水压不宜过大，以免将营养土层冲刷得高低不平。待水基本渗完后，即可将浸湿的种子或催芽后的种子均匀地播种于营养土层之上，再用过

筛的湿润营养土（园土：细河沙=1：1，湿度以手握成坨，手松即散为度）覆盖1～2厘米，用塑料薄膜封好保湿，保持温度稳定在20～25℃。

催芽的种子一般1周左右即可出土，未催芽的种子一般15～20天出土。待30%的种子发芽出土时，即可揭去薄膜，每两三天用雾状喷头喷1次水，至大部分种子发芽出土，长出两三片真叶时，可适当控水，改为每四五天喷1次水，以利于发根。每周喷施1次0.3%的尿素和代森锰锌等杀菌剂，以培育壮苗，防止发生立枯病和苗疫病。温室育苗一般比大田提早一两个月定植，提早两三个月嫁接。

（2）砧木的培育和嫁接。

当砧木苗长到10～20厘米高时即可移栽。起苗时淘汰弱小苗、白化苗，或根系不太好的不正常苗等。移栽时将育苗桶装满营养土(土面离桶口1.5～2.0厘米)，用尖状薄竹片在桶中央开一小孔或小缝，手持砧木苗

放入小孔，主根直立，四周压实，深度以土料覆盖苗木根部黄绿结合部位或子叶刚刚露出土面为准。移栽后及时灌足定根水，过7～10天之后施0.15%的复合肥（氮、磷、钾的比例为15：15：15，选用硫酸钾型复合肥）。以后每隔10天施1次尿素、复合肥或饼肥水，砧木苗移栽后的管理以施肥、浇水和病虫害防治为主，浇水和病虫防治与苗床期间管理基本相同。

及时去除砧木根部的分蘖和根茎部15厘米以下的皮刺，以利于嫁接。砧木苗的粗度达0.5厘米以上时，就可以进行嫁接了。一般采用单芽切接或单芽腹接等嫁接法，嫁接高度离土面5～15厘米，就柑橘苗木嫁接高度而言，国外普遍在15厘米以上。

单芽切接：切接法只适于春季。砧木切口离地面10～15厘米，选择东南向的光滑部位，纵切一刀，在砧木切口上方，用嫁接刀斜拉断砧木，接口在切口低的一侧，切口长度略短于单芽接穗，单芽放入切口后，芽在砧木切口上，然后用薄膜条带进行包扎，待第一次梢停止生长后再解膜。

单芽腹接：腹接法是柑橘繁殖中最普遍的应用方法。腹接是指接合部在砧木腹部的嫁接法，一般砧木比接穗粗大。砧木切口选择东南向的光滑部位，离地面10～15厘米处，将刀刃中部紧贴砧木，向下切一刀，由浅至深切开皮层，深达形成层，切口略长于接穗，并将切口削下的皮切掉1/2～2/3，将接穗下端短削面与砧木切口底部接触，用塑料条带将接穗和切口包扎，不留缝隙，若春季嫁接或6月嫁接，可作露芽包扎。

嫁接前，所有嫁接用具用70%的酒精浸泡消毒或0.5%的消毒水进行消毒，嫁接人员不得抽烟。采集接穗的采穗圃要求树势要健壮，果实品质好，丰产、稳产。春、夏、秋梢都可作为接穗，但以春、秋梢为最好，每枝接穗又以上、中段的芽发育最充实。接穗应进行严格消毒处理，在采集、贮藏、运输以及发放的各个环节，必须严防品种（系）混杂。运输时应严防接穗日晒、雨淋、风吹。要用字迹清晰、耐用的标签注明品种名称。要求接穗粗壮、新鲜、色浓绿，每枝接穗有3个芽以上。细弱枝、落花落果枝不宜做接穗。贮藏后的接穗不应萌芽，否则成活率低，出苗慢。嫁接完成后挂上标签，并标明接穗品种和嫁接日期，以免混杂。

（3）嫁接后的管理及苗木出圃。

嫁接后15天左右就可把薄膜解开，再过3～5天把砧木顶端接芽以上的枝干反面弯曲并固定下来，并把未成活的砧木进行补接。当接穗萌发抽梢自剪并成熟以后，应剪去上部弯曲的砧木，及时抹除接后砧木上的萌芽。接穗抽梢自剪后，立支柱扶苗，用塑带把苗和支柱捆直，随着生长高度增加而增加捆扎次数，苗高35～40厘米时将顶端抹除，蓄留3个新梢作为分枝。

起苗前充分灌水，抹去所有嫩芽，剪除幼苗基部多余分枝，喷药防治病虫害，苗木出圃时要清理并核对标签，记载育苗单位、出圃数量、定植去向、品种品系，并由发苗人和接受人签字，入档保存。

4.注意事项

（1）在施药灌根前必须对整个苗床浇透水。

苗床期的立枯病和根腐病较为严重，防治时应注意在施药灌根以前必须对整个苗床浇透水。只有浇透水，药液才能均匀到达营养土的各个部位，达到全面防治，杀灭病原菌的目的。

（2）适时适当匀苗。

由于枳橙种子萌发的双芽较多，所以在幼苗长到约10厘米的时候可以适当匀苗，使单苗生长旺盛。

（3）移栽后可根据温度覆盖遮阳网。

在移栽时如果温度较高，移栽后应覆盖遮阳网7～15天，以缩短缓苗期和提高成活率。

（二）柑橘起垄栽培技术

果树起垄栽培是指在建园时将表层土和中层土堆积起垄成行，起垄时土壤添加一定量的有机物（30%左右），垄高30～50厘米，宽50～80厘米，然后将果树栽植在垄上的一种种植模式。起垄栽培目前在果树种植方面进行了推广试验，并取得了不错的效果。起垄种植有利于排水，可以增加土壤的透气性，使作物的根系更加集中，吸收根增加而生长根减少，最终将产生树体矮化、成花容易并提早结果的效果。近年来，果树起垄配套栽培被认为是克服平地低洼种植果树的缺点、解决成熟前后秋雨过多造成的涝害和提高果实品质的一项重要的栽培措施。

柑橘的起垄栽培能够有效改善树体根系环境，有助于吸收根的生长和行使吸收功能，从而有利于叶片的生长和保持正常叶片功能，增加果实产量和品质。由于柑橘是多年生深根性植物，根系耐涝性较差，因此在柑橘种植过程中排水至关重要。起垄栽培是解决柑橘深层根系透气性差、防止积水成涝的一种有效方法，特别在排水不畅的地方很有必要采用起垄栽培。柑橘起垄栽培种植是一项增产幅度很大的栽培新技术，值得大力推广。

柑橘起垄栽培操作要分新栽树和已栽树。露地新栽树可以按行距4～5米来安排，其中包括2～3米宽的沟和2米宽的垄，垄高30～50厘米，柑橘栽于垄上。对于已栽树，可在行间开沟，将表土撒于树盘后，其他土移出园外，使垄高30～50厘米、宽100～150厘米，增加土壤透气性，利于根系的生长和营养吸收。柑橘新栽园起垄栽植操作技术要点如下。

图片来源：李述举

1. 起垄

综合已有生产实践，起垄大概有3种方式，即全园松土培垄、挖沟起垄和边种边扩垄。

全园松土培垄：在种植前一年秋季，首先将腐熟的有机肥（亩施2000～2500千克腐熟厩肥），匀撒在新建园种植区土层上，并用挖土机或耕田机将浅层30厘米左右的土与腐熟有机肥翻耕均匀，然后根据株行距，用石灰画好种植线，以此为中轴线将行间松土培在种植行上作垄，确保种植垄面宽1～2米，丘陵梯田垄面窄一些，平面起垄宽一些，垄高50～60厘米，压实垄土，待过冬土壤沉实后于第二年开春前定植。

挖沟起垄：按照传统方法，按照株行距在画好定植线的基础上开挖深30～40厘米、宽100厘米的沟，底层放20～30厘米厚的粗纤维有机质（如杂草等），然后压上新土，再在其上填用备好的有机肥与熟土充分混匀的基质，直至高出地面20～30厘米为止。当土壤沉实后，再将旁边的浅层熟土培在垄上，确保垄高20～30厘米，垄宽100厘米。

边种边扩垄：由于刚定植的苗比较小，因此可以先起一个小垄（垄宽50厘米、垄高30～50厘米），以后随着树冠的长大和吸收根外延，在原垄的外缘结合秋施基肥顺垄将行间熟土培于原垄旁边，使新垄面与原垄面相平，以后随着树冠的扩大，每年扩垄1次，直至垄宽达到预期宽度（100～200厘米）为止。

2. 定植

按照株距要求垄中央定点，将果苗栽植于垄中央，并浇足定植水，定植时间和方式同普通栽植。春栽在2月下旬至3月下旬进行，秋栽以9月上旬至10月下旬为宜，容器苗和根系带土的健壮苗在春季、夏季、秋季均可栽植，栽植株距2～3米，定植后用稻草等秸秆或杂草覆盖10～20厘米厚，或将树盘覆盖地膜等以便提温保湿，早生根。

3. 起垄栽培田间管理

起垄栽培的病虫害防治与普通栽培相同，由于起垄栽培提高了田间通风透光条件，矮化了树体，因此田间管理相对要比普通栽培更简便。起垄栽培后，主张垄间间种一些矮秆植物如豆科和禾本科植物（白花苜蓿、紫花苜蓿、藿香蓟、百喜草、黑麦草等优质牧草或绿肥）。垄上结合覆草和覆膜措施，灌溉提倡喷灌、滴灌、渗灌给水，可以沿每行铺设一条管道，每株树有三四个滴头。如果没有滴灌条件，必要时可以在垄上沿垄行方向挖一个浅沟，采用水管注水进行沟灌，也可以采用穴贮肥水技术，即在株间两侧分别挖30厘米×40厘米×40厘米（长×宽×深）的坑，垂直放入用水稻秸秆等绑成的草把，然后填土作为贮水坑，浇水肥时穴坑浇满即可。施肥采用株间穴施或垄上行间沟施比较合适，注意施肥深度最好在40厘米左右，施入后再将垄台修整好即可。

柑橘起垄栽培已成为精品柑橘生产的一项关键技术，在控水增糖方面发挥十分重要的作用。但是若柑橘起垄栽培出现一些技术问题，如起垄过程中采用单株起垄且起垄面积过小（不到1.2米），则会导致垄的保水保肥能力弱，经常会出现抽梢期因土壤保水能力不足而影响幼苗生长势。在沙质土壤建园采用抬高栽培技术应充分考虑土壤保肥能力，措施不力很容易造成肥水流失，影响树体结果能力。在单株起垄或起垄宽度不够时，导致施肥面积不足，施肥操作非常不方便。因此，应用起垄栽培技术过程中，应充分考虑以下几个因素。

果园气象条件。对于降水量少，特别是常常出现秋旱的地区，如果地下水位不高、土层深度足够，不建议采用抬高栽培；抬高栽培过程中应充分考虑果园灌溉系统的配套，特别是常有伏旱出现的地区，应高度重视抬高加重旱情这个因素；垄的质量必须得到保证，垄面过小或过低都达不到起垄栽培的理想效果，相反会增加管理上的难度。因此，强烈建议垄面宽度至少1.5米以上；必须重视绿肥种植和生草覆盖两项技术在起垄栽培技术上的配套使用，同时改进施肥方式，增加水肥和叶面肥的施用技术。

（三）柑橘覆膜控水增糖技术

柑橘地表覆膜控水增糖技术是在柑橘发育或成熟的过程中，采用树盘覆银色反光膜、不织布等措施，达到避雨控土壤水分、提高果实糖分含量目的的一种栽培管理技术。大量研究表明，覆膜虽然会增加成本（每亩增加约300元），但是覆膜后果实着色均匀，糖度提高1～2度，销售价格比普通果园高2.0元/千克，若亩产控制在3000千克左右，亩均增加收入约5000元。因此该技术目前已经成为一项值得推广的提质增效技术。

柑橘覆膜可以在果实发育膨大期或成熟期进行，最好选择具有水分只出不进特性的覆盖材料，也可以选择银黑反光膜等作为覆盖材料。在生产中进行覆膜的时候，可以在降雨后两三天进行。如果采用银黑反光膜，若降雨后立即覆膜，会导致

覆膜后较长时间内土壤湿度较高，不利于产生土壤干旱胁迫。具体覆膜时，覆膜前要对园地进行清理和平整，保证覆膜后水分在膜上排水顺利和防止刺破覆盖材料，然后将膜覆盖在树冠下面，要确保树冠下所有土壤都被严密覆盖，膜与膜相交部位、膜与树主干接触部位要用宽胶带粘好。而在树冠下覆盖的边缘要用土等压实，防止被风吹起，防止雨水进入。在覆膜过程中需要经常检查覆膜情况，覆膜生产结束后要及时清理覆盖材料，一般覆盖材料可以使用2～4年。

柑橘的地表覆膜与北方的苹果、梨等的覆膜操作存在很大差异。与苹果、梨产区成熟期覆膜是为了增加树冠中下部的光照强度，促进果实着色等不同。柑橘的覆膜主要是通过于果实膨大期或成熟期覆膜，防止雨水进入土壤从而使土壤产生一定的轻度、中度干旱胁迫，进而通过渗透调控使渗透物质如脯氨酸、糖分或有机酸含量增加，因此，柑橘的地表覆膜主要是要保证土壤能够有效产生轻度、中度干旱胁迫。覆膜时，最好选择能够防止雨水进入土壤，同时又能保证土壤中水分蒸发的覆盖材料，比如无纺布。其次，可选用一般的具有防止水分进入土壤但不能保证土壤水分蒸发的覆盖材料，如银黑反光膜、普通地膜等。在覆膜过程中，要保证覆盖材料不会被刺破，同时一定要保证覆膜严密。

另外，若计划采用覆膜栽培措施，应该考虑改地平覆膜为沟垄覆膜，有利于覆膜排水，保证覆膜土壤处于适当干旱状态。

（四）温州蜜柑完熟采收技术

温州蜜柑完熟采收技术是指使果实充分成熟达到最佳品质的一种栽培技术措施，主要是针对早熟温州蜜柑，在适宜种植区域将已成熟果实继续留在树上直到11～12月进行采收的一种栽培管理方式。试验表明，完熟果实的可溶性固形物提高1.0%以上，通过赤霉素+醋酸钙处理，可以使果实浮皮率控制在5%以下。主要技术措施如下。

1. 园地选择

应选择坐北朝南，冬季温暖无冻害的山坡、丘陵地，而土质黏重的田块、平原地和圩地采用完熟栽培不够理想。

2. 品种选择

温州蜜柑最好选择早熟、高糖分、果形好、品质佳、不易浮皮的品种，如日南1号、大分早生等，非常适于完熟栽培，而其他早熟温州蜜柑，如宫川、兴津、龟井等品系亦可以考虑。柑橘以树龄10年以上、树势中庸或偏弱的成年树为宜，树势强旺者往往结果不良，易出现粗皮大果，

品质差且容易浮皮。

3. 树体改造

采用大枝修剪、"开天窗"技术控制树冠，改善果园通风透光情况，过密果园要进行间伐，保证株行距为3米×（4~5）米，保持果园通风透光，让树体、土壤有较充足的光照，以减少果实浮皮，促进果实品质的提高，同时也有利于病虫害防治、除草、疏果等田间管理。

4. 疏果，合理挂果

疏果是早熟温州蜜柑完熟栽培的关键技术之一，是温州蜜柑高品质化、标准化生产的重要措施。果实大小与浮皮发生有一定关系，果实越大，浮皮越严重。因此，疏果时，要疏除大果、朝天果、发育不良果、病虫果，留下果面光滑、绿色较淡、看似不易肥大的果实，这样实施完熟栽培技术果实就不易浮皮。另外，要做好采前树上疏果工作，使果实品质趋于一致。

5. 平衡施肥，确保树势中庸

生产中首先应重视土壤改良，通过深翻压绿、施用石灰调整pH值，提高土壤有机质含量。在保证有机质的基础上，全年施复合肥，将氮、磷、钾的比例控制在1：（0.5~0.6）：（0.8~1）。控制氮肥用量，增施磷钾肥，确保树势生长中庸。另外，要特别重视壮果肥的施用，壮果肥以钾、氮为主，配合施用适量磷，同时根据情况配施适量微量元素肥。

6. 水分控制，降低果园湿度

控制水分的目的是降低果园内湿度，

以降低完熟过程中的浮皮率。同时，通过控水，以提高果实的糖度。在种植过程中，考虑采用高垄栽培，结合地膜覆盖。高垄表面积大，水分蒸发量大，同时有利于果园排灌，降低根际土壤含水量，以提高果实的糖度。另外，在橘园铺反光膜可调节橘园的小气候，增加树冠中下层和内膛的光照，降低病虫害发生概率，增加果实含糖量，提高单果重，促进花芽分化，为次年丰产打下基础。

7. 防治病虫，提高果实洁度

为害柑橘的病虫害有疮痂病，锈壁虱、介壳虫、红蜘蛛、夜蛾等，要掌握病虫发生规律，本着预防为主、综合防治的原则，在做好冬季用石硫合剂或松碱合剂清园的基础上，把握时机喷施兼治多种病虫的低毒农药。另外，早熟温州蜜柑成熟后期，果实开始转色，很容易造成吸果夜蛾、橘大小实蝇的集中为害，而完熟栽培延长了果实的挂果时间，增加了不同病虫害为害的机会，因此要在完熟栽培过程中注意病虫害的预防。防治吸果夜蛾，可以采用在橘园设变频杀虫灯、糖酸液挂诱杀或在傍晚喷施百树得药液等方法。橘大小实蝇要注意成虫诱杀，在果实转色期，橘大小实蝇产卵盛期前开始喷药，15天喷1次，连续两三次，到果实采收前半个月左右停止。药剂可选用50%丙溴磷乳油1500倍、10%氯氰菊酯乳油2000倍、毒死蜱乳油3000倍等。

8. 分批采收，确保完熟

完熟栽培要保证果实充分成熟才能采收，根据确定的柑橘完熟采收标准（如温州蜜柑糖度达到13%以上，果实充分着色）进行采收。完熟采收技术包含两个方面含义：一是延迟到品质表现最佳时采收；二是摘黄留青，分批采摘，确保每个果实充分成熟。对于一个果园来说，分批采收一般至少分3个批次进行，第一批次在普通成熟期期间或之前先采除树冠外围粗皮蓬松果、日灼果、普通大果等；第二批次采树冠上部外围正常果；第三批次采树冠中下部和内膛果。完熟采收最能提高品质和增加效益的是第三批次果，即对树冠内膛、下部挂果约占全树1/3的果采取延后完熟采摘，完熟采摘后建议进行果实的分级包装，使产品整齐一致，同时提倡小容量包装，以提高果实的商品性，方便进行分级销售。

总之，完熟栽培是围绕果实品质最佳期采取相应的技术措施，使果实的外观和内在品质达到最佳状态后分期分批采收。虽然完熟栽培使果实品质达到最佳，增强了果品本身的市场竞争力，但是在实际操作时要注意选择合适的品种、适宜的立地条件，培养合适的树势和采用适宜的技术。一般而言，完熟栽培应该选择中早熟鲜食品种，尽量选择冬季低温不会造成伤害的地方，树势以中庸树体为宜，而幼龄树、衰老树、病树、强旺树因不利于果实品质提高不宜入选。在技术方面注意保证树体透光、科学施肥、控制浮皮和分期分批采收。

（五）温州蜜柑隔年交替结果技术

交替结果技术是针对大小年现象非常严重的柑橘，如中早熟温州蜜柑、南丰蜜橘等，而研发的一种让果树一年结果（生产）一年休闲（不结果）的新型省力、简化、优质的树体管理生产模式。与常规果园相比，交替结果果园经济效益可提高25%以上。

表2-1　交替结果果园与常规果园对比

	常规果园	交替结果果园
平均产量	1000～3000千克/亩	>3000千克/亩
外观品质	形状不一（葫芦形和扁平）、粗皮大果比例高	扁平、光滑、皮薄，大小比较集中，商品率高
内在品质	甜酸、口感不一	味甜、化渣
施肥次数	两次以上	一两次
打　药	>4次	两三次
管理难易	复杂、困难	简单、容易
标　准　化	很难标准化	可以标准化操作

交替结果为串状结果，果实大小
比较均匀，皮薄

普通果园一般是有叶顶花枝结果，
小年树容易形成大果

1. 交替结果模式

主要分为园间交替、行间交替和树间交替（插花式交替）3种方式。

为了便于管理标准化，建议采用园间交替或行间交替。

2. 常规果园过渡到交替果园的步骤

（1）确定果园种类。

确定当年小年树比较多的果园为休闲园，大年树比较多的果园为生产园。

（2）果园改造：密改稀、控冠。

如果果园树体比较郁密、高大，为了改善通风透光条件、方便管理，需要进行密改稀和树体改造。

行距≤3.0米的郁闭果园，隔行砍伐或移株；株距≤1.5米，隔株砍伐或移株，确保行

园间交替

行间交替

树间交替

隔行移除

树冠控制（1）

树冠控制（2）

树冠控制（3）

大平剪修剪

大平剪修剪效果

机械修剪

机械修剪效果

距≥4.0米，株距2.0～3.0米。树冠高度大于3.5米，树体结构紊乱或者行间枝条交接，光照不良的果园必须进行树冠改造：在密集繁杂的枝干中确定方位较好、角度开张的三四个骨干枝作为树体骨架予以保留，然后疏除或回缩其余的骨干枝，将树冠控制在2.5米以内。在保留的骨干枝上留1.2～1.8米进行露骨更新。1年后树冠初步成形时，疏除主干0.5米以下的裙枝。

（3）休闲园果树喷施疏花疏果试剂，做到彻底休闲。

盛花前后喷施100～200毫克/升乙烯利或600～800毫克/升的萘乙酸，进行疏花疏果处理。

（4）生产园的保花保果和施壮果肥。

盛花前后连续间隔7天左右喷两次保花保果剂（50～150毫克/升赤霉素+0.2%尿素+0.2%

磷酸二氢钾+0.1%硼酸）；花后1～2周，施壮果肥，按每生产100千克果实施0.20千克纯氮（N）+0.02千克纯磷（P_2O_5）+0.2千克纯钾+0.05千克钙（Ca）+0.02千克镁（Mg）的标准进行施肥，每株可增施5～10千克腐熟的有机肥。

（5）休闲园施肥和夏季修剪。

6月中旬前后，施促梢肥，肥料用量为生产园壮果肥的1/4～1/2。施肥后7～10天，进行夏季修剪。宜采用疏剪和短截相结合。首先疏除位于树冠中上部的1～3个直立枝组，适量疏除树体内的密集枝组；其次，疏除位于树冠下部距离地面50厘米以内的裙枝；随后，在保持正确树形情况下，对树冠外围的枝条进行回缩或短截10～20厘米，修剪量需根据当地气候条件控制在叶片总量的20%～40%。

3. 交替结果技术年周期管理技术

表2-2　休闲园年周期田间管理技术

月份	田间操作
12月～翌年3月	清园处理：根据劳力和气候条件对生产年采果后树体进行简单大枝修剪，并进行清园处理；或直接进行清园处理，主张在春节后、春季萌芽前进行
4～5月	疏花疏果处理P23/春梢虫害（潜叶蛾和螨类）预防（参见表2-4）。
6月	降雨来临之前沟施促梢肥P23
7月	夏季修剪P23
8～10月	秋梢虫害（潜叶蛾和螨类）预防（参见表2-4）

表2-3　生产园年周期田间管理技术

月份	田间操作
12月～翌年3月	清园处理：根据劳力和气候条件对生产年采果后树体进行简单大枝修剪，并进行清园处理；或直接进行清园处理，以降低病虫病原
4～5月	保花保果处理P23 花期病虫害预防（参见表2-4）
5～6月	降雨来临之前沟施壮果肥P23
7～10月	果实管理和果实病虫害预防（参见表2-4）
10～12月	果实采收

（1）清园处理。

清除病果、病枝，挖除死树，铲除杂草，刮除树干上的苔藓、地衣等，集中烧毁。有条件可以中耕橘园土壤以消灭在土中的越冬病菌和害虫，让其晒死或冻死。全园喷施石硫合剂（波美1度左右）或喷施1000～1500倍的73%克螨特加300～500倍机油乳剂，或矿物油或18～20倍松脂合脂。

（2）果实管理。

采收前40天左右，建议叶面喷施0.3%左右的硝酸钙和磷酸二氢钾一两次（间隔1周左右）；结果量大的单株，在成熟前需要在果树中间立支柱，然后用绳索将结果多的大枝组向上牵拉，以减轻枝果挤压重叠。

（3）在行间进行生草。

无论是休闲园还是生产园，如有可能，均可在行间进行生草，建议行间混合种植百喜草、藿香蓟、紫云英、紫花苕子。

（4）水分管理。

花期、生理落果期、果实膨大期和成熟期遇连续阴雨天气时，应及时清理果园渍水。果实成熟前30天左右可以在地面铺设反光膜或无纺布进行适当控水。

表2-4 柑橘主要病虫害防治

防治对象	化学防治时期或指标、防治次数及间隔时间	用药种类	稀释倍数	生物防治、农业防治或注意事项
橘全爪螨	花前1～2头/叶，花后和秋季5～6头/叶	45%晶体石硫合剂	100～200倍	花前引移、释放钝绥螨
橘始叶螨	花前1头/叶，花后3头/叶	24%螨危	4000～6000倍	
锈壁虱	叶上或果上2～3头/视野；当年春梢叶背出现被害状；果园中发现一个果出现被害状	20%好年冬	1000～1500倍	
矢尖蚧	当地枳砧初花后25～30天为第一次防治时期；花后观察雄虫发育情况，发现果园中个别雄虫背面出现白色蜡状物时，之后5天内为第二次防治时期。第一次施药后15～20天施第二次药。发生相当严重的果园第二代2龄幼虫再施一次药。第一代防治指标：有越冬雌成虫的秋梢叶达10%以上	10.8%丙吡醚	1000倍	第一代雌成虫出现以前引移、释放日本方头甲、湖北红点唇瓢虫等天敌
红蜡蚧	当年生春梢枝上幼蚧初见后20～25天施第一次药，15天左右1次，连续两三次	25%扑虱灵	1200倍	

防治对象	化学防治时期或指标、防治次数及间隔时间	用药种类	稀释倍数	生物防治、农业防治或注意事项
黑刺粉虱	越冬代成虫初见日后40~45天施第一次药，第一次药后20天左右施第二次药。发生严重的果园各代若虫期均可用药	50%吡蚜酮	2000~3000倍	
花蕾蛆	花蕾直径2~3米时喷药，严重的在谢花前幼虫入土时再次喷药	22.5%氯氢毒死蜱	1500倍	第一次施药时地面和树冠同时喷，第二次仅需地面喷雾
潜叶蛾	多数新梢嫩芽长0.5~2厘米时喷药，7~10天1次，连喷两三次	22.5%氯氢毒死蜱	1500倍	抹除过早和过晚抽发不整齐的夏、秋梢。肥水控制，使新梢抽发比较整齐，以利施药
大实蝇	成虫交配至产卵前，每10天1次，连续喷药3次	用红糖：敌百虫=30：1的混合物	33倍	在一块田中，喷1/3的面积，1/3的树，1/3的树冠
疮痂病	春梢新芽萌动至芽长2米前及谢花2/3时喷药，10~15天再次喷药。秋梢发病地区需喷药保护	70%安泰生	800~1000倍	
炭疽病	春、夏梢嫩梢期和果实接近成熟时，均需喷药。15~20天左右1次，连续两三次	50%多锰锌	800~1000倍	
黑斑病	花后1~1.5个月施药，间隔15天左右1次，连续两三次	43%富力库	2000~3000倍	

（六）柑橘园生草栽培技术

我国果园土壤肥力低，主要表现在果园有机肥施用不足，土壤有机质含量低。我国传统的果园土壤管理常采用以中耕除草为主的清耕制，土壤有机质大量消耗但又得不到应有补偿，结果土壤理化性状逐步劣化，坡地果园还存在程度不同的土壤侵蚀，致使土壤肥力逐渐下降；另一方面，果园大量施用化肥等速效肥料，造成土壤板结、酸碱失衡、肥力下降，最终导致树势衰弱、产量下降、病虫害泛滥、果实品质变差。为了解决果园土壤肥力，提高果实品质，近年来全国各地开始兴起果园生草栽培技术，使果园生态环境得到极大改善，土壤质地和有机质得到极大提高，果实品质也得到极大提高。

果园生草法是一项新的果树高品质栽培的土壤管理方式，广义的果园生草包括全园生草、行间生草和株间生草几种形式。而狭义的果园生草主要是指在果树行间人工种植或自然生草的一种土壤管理方式。果园所种植的草，一方面可以作为绿肥以增加土壤的有机质，也可以刈割覆盖进行保墒，或者用于放牧或作为饲料原料等。果园生草栽培技术是以果树生产为中心、遵循"整体、协调、循环、再生"的生态农业基本原理，借助生态学、生态经济学及相关学科的研究成果，把果树生产视为一个开放型生产系统及若干个相互联系的微系统，其栽培措施不仅针对果树生产本身，还需考虑果园的草本、动物和土壤微生物及其相互作用的共生关系，充分利用果园生态系统内的光、温、水、气、养分及生物资源保护系统的多样性、稳定性，改善系统环境，创造合理生态经济框架，形成多级多层次提效增值结构，

建立一个投入少、效能高、抑制环境污染和地力退化的可持续发展果园生产体系。目前，欧美及日本等国家与地区的果园实施生草栽培。果园生草具有实施果园固土保墒、增加土壤有机质与土壤肥力、抑制杂草、美化环境以及提高果实品质等作用。

柑橘园生草法栽培技术要点如下。

1. 草种选择

目前，人工种植的优良生草有百喜草、藿香蓟、黑麦草、光叶紫花苕子、紫云英、蚕豆、印度豇豆、三叶草、马唐草、紫花苜蓿等。

柑橘种植区域辽阔，不同地区气候、土壤条件差异很大。因此，各地应针对自己的实际情况选择适宜的草种。一般来说，红黄壤地区土壤瘠薄偏酸性，春夏多雨水，土壤流失严重；夏秋高温干旱，因此应选择耐瘠薄、耐高温干旱、水土保持效果好，适于酸

右上图为李述举提供

性土壤生长的草种，如百喜草、藿香蓟和黑麦草等，但是沙性土壤则可选用马唐。此外，提倡两种或多种草混种，特别是豆科草和禾本科草混种，这样可利用它们的互补特性，既能够充分利用土壤空间和光热资源，提高鲜草产量，又可以增强群体适应性、抗逆性。

2. 柑橘生草栽培的技术要点

（1）主张集中育苗后移栽技术。

主张集中育苗后移栽技术，不仅方便草的培育和管理，提高草苗繁育成功率，而且可以有效提高土地综合利用效率。苗木移栽后要根据墒情灌水并注意及时补苗，可随灌水施些氮肥（每亩尿素4~5千克），及时去除杂草，特别注意及时去除那些容易长高大的杂草。

（2）生草栽培主张在行间种植。

生草栽培主张在行间种植，严禁株间种植，行间种植离种植植株0.5~1.0米。

（3）新栽柑橘园生草栽培要点。

若是新栽柑橘园进行生草栽培，则种植柑橘主张起垄栽植，而生草则在垄两边种植。

（4）采用刈割草实行生草栽培的技术要点。

主张采用刈割草，限制使用除草剂。行生草栽培的柑橘园，在果实生长的中后期即8月下旬开始，对自然生草园可进行人工刈割覆盖；人工生草园种子成熟脱落后可在离地面10厘米处进行全部刈割后覆盖于树盘或堆沤作绿肥用，螨类天敌寄主植物藿香蓟可挂到枝丫上，让专门捕食螨类的益虫上树捕食螨类害虫。

（5）混合栽种。

由于不同草改善土壤肥力的侧重点不同，如豆科植物具有固氮性能和较强富集钾的能力，分解腐烂快，能较快地补充土壤有效氮素；禾本科草分解腐烂相对较慢，且百喜草能提高土壤含水量，提高土壤容重和pH值，有利于土壤有机、无机复合胶体的形成，因此建议生草栽培时采用混栽，一般豆科类占60%～70%，禾本科类占30%～40%。

和其他果树生草栽培一样，柑橘园的生草栽培就是在柑橘的行间种植一定数量的豆科、禾本科类植物或牧草，亦可自然生草，并对生草进行施肥、灌水等管理，等草生长到30厘米时进行分期刈割，掩埋在树盘下进行保墒，年年反复进行。柑橘园生草栽培技术在改善橘园微环境，适度提高土壤的pH值，增加土壤有机质含量，改善土壤理化性质，提高土壤保水蓄水能力，提高果实品质和产量，改良果园生态环境及省工省力栽培等方面具有重要作用。

①促进柑橘生长，显著提高果品产量和质量。

②改良土壤结构，持续提高土壤的有机质含量及肥力，减少化肥投入。

③防止水土流失，保肥、保水、抗旱。

④提高柑橘园生物防治能力，减少农药使用量，防止病虫害侵袭。

⑤调节地温，促进柑橘维持正常的生理活动。

若种植不当，橘园生草栽培也存在着草的生长与果树争夺光照和肥料，不利果树根系向深层发展的问题。因此，采取科学的生草栽培方法，正确选择草种，做好生草栽培管理等能减少橘园生草的负面影响，使生草栽培的有益效果得到充分发挥。目前适合南方果树种植的绿肥作物品种主要有：豆科绿肥作物，如紫云英、苕子、毛蔓豆、决明、假绿豆、蝴蝶豆、蓝花豆、豌豆、田菁、印度豇豆等；十字花科绿肥作物如肥田萝卜、茹菜、满园花、油菜等，以及禾本科类绿肥作物如百喜草、马唐等。作为绿肥，需要合理施用，适时收割和翻压，发挥绿肥最大的效应。一般而言，绿肥过早翻压，产量低，植株过分幼嫩，压青后分解过快，肥效短；翻压过迟，绿肥植株老化，养分多转移到种子中，茎叶养分含量较低，而且茎叶碳氮比大，在土壤中不易分解，降低肥效。总体来看，豆科绿肥植株适宜的翻压时间为盛花至谢花期，禾本科绿肥植株最好在抽穗期翻压，十字花科绿肥植株最好在上花下荚期。对于柑橘而言，种植绿肥必须遵循"树盘不种，树盘外种植"的原则，春播绿肥等一般可以在6月中旬和8月中旬刈割两次进行树盘覆盖，而秋播绿肥可以施基肥或土壤深翻进行压青，压青时适当施石灰以加速腐烂。

（七）柑橘园改造技术

我国柑橘在20世纪八九十年代实行计划密植，提倡矮密早丰，为提高柑橘产量和增加果农收入发挥了重要作用。进入新世纪，随着柑橘产业的快速发展，我国柑橘种植面积发展到了一个新的阶段，品质和效益提到了首要位置。随着柑橘树龄的增大，密植柑

橘园沿用传统的管理方法，进入盛果期后枝量大，树体郁闭，通风透光差，果品质量下降，经济效益降低。为了控制密植橘园群体密度、调整成龄密植橘园群体与个体的树体结构，提高柑橘叶片光合效率与树体抗性，减少果园打药和修剪用工，有必要开展果园

改造。通过果园密度改造和树体改造。可以使柑橘树形开张，通风透光良好，立体结果，产量不减，品质提升，进而达到提高经济效益的目的。

1. 改造对象及改造前的准备

柑橘果园改造是在柑橘园及柑橘树体还具备一定生产能力的前提下，通过一系列的农业技术措施，对树体、果园进行适度的改造或改良，以达到树形开张，生长健壮，无严重病虫害危害，通风透光良好，立体结果，产量稳定，品质优良，进而达到提高经济效益的目的。改造后的柑橘树树冠高度200～250厘米，冠幅200～250厘米，主枝三四个，绿叶层80～120厘米，行间覆盖率不超过75%。

（1）改造对象。

①适宜改造的树龄。

适宜改造的树龄为10～25年。树龄大于25年、品种落后、生产能力和品质严重下降的果园，建议重新建园或改种。

②适宜改造的园相。

行距小于4米，株距小于3米，覆盖率达到90%以上的果园；园内枝干病虫害发生程度较轻，树势中等偏上的果园；地势平坦或缓坡，坡地果园的坡度应25度以下，土壤厚度在50厘米以上的果园；果实的产量和品质处于下降初期的果园。

③适宜改造的树相。

树高在3～5米，中上部枝条生长旺盛的树体；树形紊乱，内膛空虚，但树体基本健康，根部、主干无严重病虫害危害，树势无严重衰弱，无严重落叶的树体；高接换种不超过1次的树体。

④不宜进行改造的果园。

出现以下情况之一的果园，不宜再进行改造。树龄在25年以上的老果园，且树势衰弱、品质退化；树体和果实生长异常，有疑似病毒病的果园；被高接1次以上后品种仍然落后的老果园，或高接后植株生长和结果异常的果园；因土壤瘠薄、土层薄，或长期渍水、地势低洼，导致树势严重衰弱的果园；病虫害危害严重，特别是根部、树干受害严重，导致树势严重衰弱的果园。

（2）改造前的准备。

①土壤管理。

在改造前上一个年度进行1次土壤深耕，深耕的深度为30～40厘米，宽度为50～80厘米。深耕后每亩施入复合肥100～150千克，施入腐熟的菜籽饼肥或生物有机肥100～150千克。

严重渍水的柑橘园，在改造前一个生长年度，做好清沟排渍，保持围沟和厢沟畅通，排水良好。

②树体管理。

在改造前一个生长年度加强病虫害的防治，特别要注意叶片、枝干、根部病虫害的防治。结果量减少30%～50%，以增加树体的营养贮藏，增强树势。

2. 主要改造技术

主要的改造技术有6改，即改密度、改树体、改品种、改土壤、改方法、改设施，具体技术要点如下。

（1）柑橘园密度改造。

对于行距小于4米，株距小于2米的果园进行密度改造。按照每亩45～55株的标准，因地制宜，采取隔行或者隔株进行间移，同时对较荫蔽果园进行大枝修剪以改善通风透光条件。

（2）柑橘园树体改造。

对于树冠高度大于2.5米，树体结构紊乱或者行间枝条交接，光照不良的果园应进行树体改造，分年度将树冠由大冠改为小冠，以1.5米的高度进行露骨更新，分两年将高度降到2.5米左右。

（3）柑橘园品种改造。

一是高接换种。对于品种落后，但树体生长健康的果园进行高接换种。二是推倒重建。对于树龄在30年以上、品种落后、生产能力和品质严重下降的果园，用优良新品种重新栽植。

（4）柑橘园土壤改造。

一是深翻改土，每两三年进行1次深翻或抽槽，深度达到40～50厘米，宽度达到60厘米以上。二是施肥培土，重点抓好壮果促梢肥和还阳肥的施用，每亩施入腐熟的厩肥或作物秸秆2000千克以上，同时配合施用其他肥料如钙镁磷肥100～150千克。三是开沟排水，果园每隔两三行挖一条深、宽各40厘米的排水沟，防止园区渍水。四是生草栽培。行间种植三叶草、藿香蓟、黑麦草、百喜草、紫云英等绿肥品种，生长到30～50厘米高时，结合深翻将绿肥压入土中，提高土壤有机质含量。

（5）柑橘园管理方法改造。

即将传统方法管理的果园改为高品质栽培方法管理的果园。一是减少化肥使用量。

果园施肥以有机肥为主，辅以使用化学肥料，全年有机肥的使用量占总量的80%以上。二是禁止使用高毒、高残留化学农药，坚持以"空中挂灯、园中插板"等物理、生物方法防治为主，以化学方法防治为辅的病虫害综合防治措施。三是覆膜增糖。在果实膨大后即将着色时进行地面覆膜，促进果实着色，提高含糖量。

（6）柑橘园设施改造。

一是灌水系统。一般按每亩果园需水20立方米来估算蓄水池的容量。排水沟、沉沙池尽可能与果园内外的蓄水池相通，以收集、储存自然降水。二是电力设施建设。生产用电按电力安全要求，电源到田，设施规范，便于机械作业。三是道路设施建设。以主干道和操作道建设为核心。丘陵和平地果

图片来源：黄先彪

园的操作道要保证耕作机械和小型运输车辆的正常通行。坡度大于15度的山地果园，建成台阶式操作道，台阶宽1～1.5米，用石块或水泥混凝土浆砌而成。在规划建设田间作业道的同时，根据安装简易山地软索牵引车的需要，将田间作业道设计成中间台阶式（40厘米），两边缓坡式。

（八）柑橘整形修剪技术

柑橘树体高大，枝条繁多，结果枝的类型也很多，结果年限长，如果不及时合理地调节各种结果枝的空间配置，就会导致树冠通风透光不良，结果量减少，品质下降，造成大小年结果。因此，通过整形修剪，可以改善果实品质，提高生产效率，延长结果年限。

所谓整形，就是通过控制和调节枝梢生长的各项技术措施，培育适当高度的主干，配备数量、长度和位置合适的主枝、副主枝等骨干枝，并且使各枝条之间相互平衡协调。而为了保持树体营养生长和生殖生长的平衡，即树体的枝条生长与果实生长的平衡，使其长期优质的高产稳产，所进行的枝条的剪截整理工作称为修剪。

整形修剪的目的就是根据柑橘的生长结果特性，通过整形修剪，调节树体各器官间的平衡，特别是营养生长和开花结果的动态平衡，调节树体与环境条件的关系，以创造最适宜的生长结果条件，创造最大的空间利用率和光合面积，以及良好的光照和通风条件，从而获得丰产优质的果实。

1. 柑橘枝梢的类型及其特性

按照抽生的季节，柑橘的枝条可以分为春梢、夏梢和秋梢，有时也把夏梢和秋梢统称为夏秋梢。春梢较短，夏梢较长，但是由于春梢的抽生数量较大，所以从枝梢的生长量来看，春梢要多一些。树势强的幼年树多数能够抽生3次梢，但是进入盛果期的树，由于结果较多，如果土肥水管理不善，树体营养缺乏，则大多数只抽生1次春梢。春梢从3月中旬到4月上旬萌芽，一直生长到5月底。春梢的长度从2～3厘米到30厘米不等。5～15厘米长的枝条结果较好。在高温多雨的时候，树体倾向于营养生长，春梢生长期较长，从而加重生理落果。夏梢一般在6～7月抽生，从较强的春梢或者枝条的弯曲部位发生。幼年树或者结果很少的树，多从结果少的叶丛处抽生夏梢。由于受到高温的影响，与春梢相比，夏梢的枝条较长、叶片又长又大。夏梢的生长对幼年树扩大树冠有益，同时夏梢的枝条也是良好的接穗材料。秋梢主要在8月中旬至9月抽生。一般从春梢或者夏梢的顶端抽生，到10月时由于气温的下降，而停止伸长。嫁接苗的秋梢比较长，而一般成年树的秋梢往往只有10厘米长左右。秋梢叶色淡绿，组织不充实，冬季气温低时，往往会被冻死。在幼树上，秋梢的生长较早，充实的枝条较多。在气温比较高的地区，秋梢生长时间较长，组织也比较充实，这些秋梢可以用来扩大树冠、结果、调节树势。

按照枝条的功能来看，柑橘的枝条可以分为营养枝、结果枝和结果母枝3种。营养枝是专门抽生枝叶进行营养生长的枝梢。结

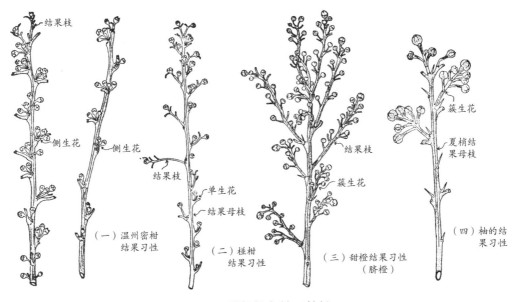

图2-1　柑橘枝条结果特性

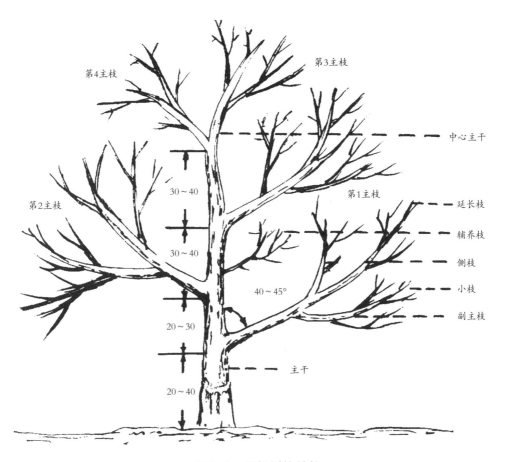

图2-2　柑橘树体结构

果枝是直接开花结果的枝梢。结果母枝是抽生结果枝的枝条。营养枝如果能够在生长后期积累足够的养分，当年秋季形成花芽，到次年早春顶端数芽形成混合花芽而抽生结果枝，就成为结果母枝。结果母枝的枝条营养丰富，较粗，节间较短，叶片厚而色浓，上下部叶片大小比较近似。柑橘树是否能够丰产稳产，首先要看结果母枝的情况。结果母枝多，就可以大量结果，表现出丰产。

2. 柑橘的树体结构及树形

（1）柑橘的树体结构。

柑橘树体的结构一般分为主干、主枝、侧枝和枝组等。

主干是自地面根茎以上到第一主枝分枝点的部分。主干的高度称干高。主干矮，树冠形成快；主干高，树冠易高大，投产较晚。构成树冠的主要大枝部分称为骨干枝。

中心主干以上逐年培育延伸向上生长的中心大枝，叫中心主干。柑橘顶芽自剪脱落，中心主干由侧芽抽生代替顶芽，故中心主干多弯曲而成，多数不甚明显。

主枝是在中心主干上选育配备的大枝，从下向上依次排列，分别称第一主枝、第二主枝……是树冠形成的主要骨架枝。大枝不宜太多，以免树冠内部、下部光照不良。

副主枝是选育配置在主枝上的大枝，每个主枝上配置2～4个，也是树冠的骨架枝。

侧枝是着生在副主枝上的大枝或主枝上暂时留用的大枝。侧枝起着支撑枝组和叶片、花果的作用，形成树冠绿叶层的骨架枝。

着生在侧枝上5年生以内的各级小枝，组成枝组(又称枝序、枝群)，是树冠绿叶层的组成部分。

（2）柑橘的主要树形。

①自然开心形。

自然开心形通常是3个主枝，无中心主干，树干开张而不露干。整形工作分3年进行：第一年，定干，选配主枝，摘心、抹芽、除萌。第二年，短截主枝延长枝，选配副主枝，摘心、抹芽、除萌，疏除花蕾。第三年，短截主枝延长枝，选配副主枝，摘心、抹芽、除萌、疏花。

②自然圆头形。

自然圆头形是最接近自然的整形。苗木定植后，定干高30～40厘米，由主干上自然分生两三个强壮大枝，大枝之间相距10～15厘米，各向一个方向发展；第二年或第三年再留一两个，上下之间不重叠，各主枝基角约40度，斜向四方发展共有主枝3～5个，根据其空间，再留1～3个副主枝，各骨干枝上再留大、中、小型枝组，数年后即可成形。

③变则主干形。

变则主干形是有中心主干的树形。苗木定植后，定干高30～40厘米，留先端生长强的枝条1个，于生长期缚于主支柱上，使其直立向上延伸，为中心主干；其下选生长强健的一两个为主枝。中心主干继续向上，下年再适当短剪，仍选其中一个枝，与中心

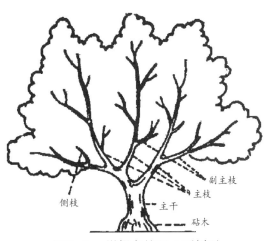

图2-3　柑橘自然开心形树形

主干相距30～40厘米；全树有4～6个主枝，分三四层；在最后一个主枝上，对中心主干短截不再引缚向上。在主枝上留副主枝、枝组，均匀排列，树形基本形成。

④疏散分层形。

疏散分层形是在变则主干形的基础上加以修改，即将第1～3个主枝集中为第一层，第4～6个主枝集中为第二层。将第一层与第二层之间的距离拉大为80～100厘米，使阳光可以从第二层射入。当第二层尚未培养成功时，在层间距内可留辅养枝或大中型枝组。

从上面几种主要树形来看，我们在整形时要记住应从幼树开始整形，遵循柑橘整形的"433"原则：离地面40厘米开始定干，3个主枝，每个主枝有3个侧枝，均匀配置枝条。

3. 柑橘整形修剪的基本方法

（1）短剪。

短剪是指将1年生枝的部分剪去。短剪一个枝条长度的1/4～1/3叫轻度短剪，短剪1/2为中度短剪，短剪2/3～3/4为重度短剪。重度短剪剪除了具有顶端优势的饱满芽，留下部分所抽发的新梢较少，但长势较强，成枝率也强。中度短剪留下的饱满芽较多，萌发新梢量中等，长势和成枝率也中等。轻度短剪抽生新梢较多，但枝梢生长量和长势较弱。整形修剪中要根据树形对骨干枝数量、部位的要求和幼树生长的实际情况，采用不同程度的短剪处理。

（2）疏剪。

对1～2年生的枝条从基部全部剪除的叫疏剪。疏剪多用于剪除过多的密弱枝、丛生枝、病虫枝、徒长枝等。减少了疏剪处的枝条数量，改善了留树枝梢的光照和养分分配，有利树体生殖生长，早结果、早丰产。疏剪强枝，还能抑制或削弱其他枝梢的生长势。

（3）摘心。

在新梢抽生停长前，按整形要求长度，摘除新梢先端部分，保留需要的长度叫摘心。摘心能限制新梢伸长生长，促进增粗生长，使枝梢组织坚实。摘心后的新梢，先端芽成熟后，也具有顶端优势，可抽生健壮分枝，并降低其分枝高度，实现整形要求。

（4）刻伤。

可用于幼树整形时添补主枝。当树冠空缺处缺主枝时，可在春季萌动前，在主干的适当部位，选择一个芽，在芽的上方横刻一刀，深达木质部，有促进隐芽萌发或促进枝梢生长较强的效应，使其抽生新梢或使弱枝长势转强，以达到培育主枝的要求。

（5）拉枝。

幼树整形期，可以用绳索牵引拉枝、竹棍撑枝和石块等重物吊枝等方法，将植株主枝、侧枝改变生长方向，以适应整形对方位角和大枝夹角的要求，从而调节骨干枝的分布和长势。这是柑橘幼树整形培育主枝、侧枝等骨架枝时常用的有效技术方法。

4. 柑橘修剪的具体手法

（1）修剪的总体要求。

树冠小空不大空，左右不挤，上下不重叠，通风透光，以达到树冠丰满、枝叶茂盛、立体结果、减少病虫滋生、便利树冠管理、延长结果年限的目的。

（2）修剪的具体手法。

修剪时应抑促得当、长短兼顾，既要考虑第二年的结果量，也要兼顾长远。去密留稀、去弱留强、去劣留优、轻重得当、保叶透光、立体结果。修剪枝条过密处，剪除病虫枝、弱小枝和徒长枝。修剪后做到外稀内密，树冠呈波浪形，使整个树体光照充足，呈现立体结果状态。

剪吊不剪翘：吊枝即衰弱下垂枝，可以剪除；翘枝是向上生长的枝条，健壮充实，结果力强，必须保留。

剪刺不剪叶：刺易伤果实，而且会使工作不便，要剪除；叶是光合器官，制造营养，必须保留。

剪阴不剪阳：树冠内部的荫蔽纤弱枝要剪除，掌握去弱留强、疏密留稀的原则，适当疏剪；树冠外围的向阳枝条，开花结果可靠，应尽量保留。

剪横不剪顺：剪去树冠内部横生交叉枝，但空间较大，可以结果的要保留；顺着侧枝生长的枝条，充实健壮，坐果率高，要保留。

剪去果把：果把是指结果枝。短弱无叶的结果枝，采果时一律剪掉；强壮多叶的结果枝，可以留几片叶短截，使之发新梢作预备枝。

剪干枯病虫枝：通风透光，防止病虫蔓延。

见空不剪，适当短截：树冠空缺部位的枝条，如徒长枝，可以短截，改造成新的结果枝序。夏季摘心，促发新梢，填补树冠空间。

（3）修剪的顺序。

修剪前，先观察整株树的枝条疏密程度，以及与相邻树的间隔距离，确定修剪的方式和修剪的程序，再按以下顺序进行修剪：首先剪去无用的、严重干扰树形并且影响其他枝条生长的大枝，其次剪除下垂枝与交叉枝，然后在保留的大枝上修剪小枝。在修剪小枝时，应先剪除枯死枝、病虫枝，再剪除衰老枝、重叠枝、荫蔽枝、密生枝和徒长枝，最后再疏剪果梗枝及结果母枝。先修剪大枝，后修剪小枝；先修剪树冠外围的枝条，后修剪树冠内部的枝条；先修剪树冠上部的枝条，后修剪树冠下部的枝条。修剪完后，将全树察看1次，把漏剪的进行补剪。

5.柑橘不同类型树体的修剪原则

（1）幼树期。

以轻剪为主，培养骨干枝。除适当疏删过密枝梢外，避免过多的疏剪和重短剪。剪除所有晚秋梢。

（2）初结果树。

继续选择培养和短剪各级骨干枝的延长枝，抹除顶部夏梢，促发健壮秋梢。过长营养枝留8～10片叶摘心，回缩或短剪结果后的枝组。

（3）盛果期。

保持生长与结果的相对平衡，树高一般控制在2.5米以下，绿叶层厚度1米左右，树冠覆盖率75%～85%。缩剪结果枝组、衰退枝组，疏剪树冠郁闭严重的骨干枝，短剪或疏剪部分夏、秋梢，调节翌年产量，防止大小年结果。剪除所有晚秋梢。

盛果期最常使用的是开天窗式修剪法。在比较郁蔽的园内，采果后剪除副主枝或侧枝，使光照透入树冠内部，促使植株继续丰产稳产。结果期间除短截延长枝外，不应对未结果的夏、秋梢做短截处理，待结果后再短截，且在现蕾与蕾期摘除春梢营养枝和具有4片叶以上的有叶花去枝。

（4）大年树的修剪。

对大年树（即大年结果前的树）的修剪

以疏为主，短截为辅，重回缩，疏剪交叉枝和衰退枝组，以减少花量，提高坐果率和促发新梢。其修剪要点是：一是疏剪密弱枝、交叉枝和病虫枝；二是回缩衰退枝组和落花落果枝组；三是疏剪树冠上部、中部的郁闭大枝（即开天窗），以改善光照；四是短截夏、秋梢母枝，采用疏弱、短强、留中的方法，以减少花量，促抽营养枝；五是对同一基枝上结果母枝过多的，按"二去一、三去二"的原则疏除弱枝，但要尽量保留内膛枝，对确实过密的可适当疏除。

（5）小年树的修剪。

对小年树（即大年采果后的树）的修剪宜轻，只疏除枯死枝、病虫枝、密生枝和晚秋梢，尽量保留成花母枝。凡大年未开过花的强夏、秋梢和内膛的弱春梢营养枝，均有可能是小年的成花母枝，应全部保留。短截疏剪结果后的衰老枝组和结果后的夏、秋梢结果母枝。注意选留剪口饱满芽，以更新枝群。

（6）稳产树的修剪。

对稳产树（即开花和抽梢适中的树）应采用疏剪和短截相结合，同时注意培育健壮枝梢作第二年的结果母枝。

（7）强壮树的修剪。

对强壮树（即生长旺盛、发枝力强的树），应采用疏除和短截相结合，适当回缩。即回缩外部长枝和部分强枝，培育内膛枝组，疏除密弱枝，短截结果母枝。这样修剪可以防止树体外密内空、上强下弱、枯枝增多的现象出现，促使其通风透光，上下不叠、左右不挤。

（8）生长势弱的树的修剪。

对长势弱的树（即衰退枝多、花量大而坐果率低的树）应尽可能减少花量和恢复树势。对长势中等的树，要注意疏除密弱枝，回缩更新结果后的枝组。

（9）衰老树的更新修剪。

柑橘树衰老后，枝梢枯弱，结果很少，必须进行更新复壮。更新方法应根据树的衰老程度决定。若衰老树只有部分枝条衰退，部分枝条还可结果，可将部分衰退枝条于3～4年生的侧枝上进行短截，在两三年内逐步更新全部树冠。这种方法，使得树在更新过程中每年还有一定的产量，并能迅速恢复树势和提高产量。过分衰退的树，可在主枝和侧枝上进行强度短截。这种方法在当年能抽生强壮新梢，3年后可以恢复树势，逐年提高产量。

衰老树修剪后的施肥等管理：衰老树更新时，必须加强培肥管理和病虫防治。重剪复壮应及时配合深翻断根，多施渣滓肥，促进新根的发生。同时还要抹除过多的新芽和生长位置不当的萌蘖，以免消耗养分，影响更新枝的生长。对徒长枝的夏梢要适时进行摘心，使其生长充实健壮。只有这样，才能迅速恢复树势和提高产量。

6. 柑橘大枝修剪技术

大枝修剪是以放任型低产成年树为对象，减少粗大枝，增加侧枝群，造就树冠凹凸、通风透光、立体结果的一种省力化矫正修剪法。主要针对果树树冠高大、大枝过多、枝序不明、结果层薄而且逐年上升、低产劣质的果园。大枝修剪要因树而定，年锯主枝状大枝1～3根，副主枝状粗枝2～4根，分2～4年完成改造。改造成自然圆头形树形和自然开心形树形。

大枝修剪的步骤：先审视树冠，从树干分生的大枝中，确定三四根为主枝，锯除与主枝竞争的、直立的、密集处的大枝，使

图2-4 自然圆头形树形

图2-5 自然开心形树形

所留主枝上的副主枝显露出来，降低树冠高度，以合理的间距留剪即成。每次处理过程从锯粗大枝开始，然后换用整枝剪做次年结果母枝、果梗枝及其他废枝（病虫枝、交叉枝、衰退枝等）的修剪，让尽量多的侧枝占据剪除寄生性大枝后腾出的空间，以确保次年结果母枝的量和质。大枝修剪可有效解决过去我国"计划密植"造成的果园太密、通风透光不良等问题，节约修剪成本，提高效益。

大枝修剪的方法：先从基部锯除对树冠遮荫严重，生长较直立的主枝或副主枝。锯除主枝或副主枝后树冠仍郁蔽时，可在树冠中上部不同方位继续疏删部分较大侧枝，使树冠呈波浪形。大年树、多花树多剪，小年树、低产树少剪，年修剪量约占全树叶量10%～20%。对修剪后树冠中下部萌发的芽，根据其生长部位，保留可以用作扩大树冠或培养成下年结果枝的芽，其余全部抹除。疏大枝修剪后应及时清园。

7. 修剪后伤口的保护

大的伤口、剪口应削光，用1%的硫酸铜液消毒，还要用油渣或牛粪调黄泥涂住伤口，以减少水分蒸发和防止腐生菌侵入。对露骨更新和主枝更新的衰老树，在夏季强烈日照情况下还要进行树干主枝刷白，以免日灼。

修剪伤口保护剂的配制方法：a. 取松香2份，清油1份。先把清油加热，沸腾后再加入松香拌匀即可成为保护剂，涂抹果树伤口。b. 将0.5千克蓝矾研成细末，再将适量豆油煮沸，然后加入蓝矾和0.25千克风化石灰搅拌均匀。豆油数量以能将蓝矾和石灰调成糊状为宜。c. 生桐油或清油3份，白铅油1份，混合搅拌均匀即可。d. 加入6份松香和2份动物油升温化开，搅匀后再慢慢加入2份酒精和1份松节油，搅拌均匀后装瓶密封备用。e. 用文火把4份松香化开，再加入一两份蜂醋和1份动物油，使其充分熔化搅匀，然后倒入冷水中冷却，用于搓成面团状备用。

三、柑橘测土配方优化施肥及柑橘缺素矫正技术

　　湖北省柑橘种植以山地、坡地为主。柑橘产区立地条件和土壤肥力较差，是制约柑橘产量和品质的主要原因之一。因此，在柑橘生产中，一方面要进行土壤和植株样品采样分析，根据柑橘园土壤—植株养分现状、柑橘种类和产量水平，制订优化施肥技术方案；另一方面要积极挖掘当地现有的有机肥资源，将有机、无机肥料配合使用，培肥柑橘园土壤，保障其可持续生产能力，同时尽量减少化学肥料的使用量。

（一）土壤—植株样品采集与处理

1. 采样时间和方法

　　采样时间：柑橘园土壤和植株（叶片和果实）样品的采集，通常在果实成熟收获期施还阳肥之前，即9～11月进行。这时候叶片、果实和土壤养分含量相对稳定，能很好地反映土壤中不同养分的供应状况。同时，土壤、叶片和果实同期采样，不仅能更好地研究它们之间的相关性，制订出最佳施肥方案，还能提高工作效率。采样时间确定之后，要求在1周之内完成一个示范区基地的采样任务。

　　土壤样品：全园采土。长方形地块用"之"字形或"S"形，近似正方形地块可用对角线形或棋盘形等采样法，既保证样

点分布均匀，又使所走距离最短。采样时应严格掌握采样点的点数及其分布的均匀性。每个地块一般取10～15个采样点组成一个混合样，通常称为1个"农化样"；对于面积较小、地力水平又较均匀的地块，一般也不应少于10个采样点。每个采样点设在园内长势、长相中等的柑橘树冠外缘先端内侧约30厘米处，采集耕作层（0～30厘米）土壤，东、南、西、北4个方位各采集1个小样点，每个采样点和小样点样品数量应力求一致。采样时要避开沟渠、田埂、路边、旧房基、粪堆底以及微地形高低不平等无代表性的地段。将同一柑橘园的每个小样点土壤装入同一个容器，挑出根系、小石块、虫体等杂物

后，混匀，用四分法弃去多余部分，保证最后有1.0千克风干土样，然后装入另一个清洁布袋中，在袋口挂好标签，标签上应注明采样地点、采样时间、地块编号、采样人等信息，在样品袋内再放1个相同的标签，扎紧袋口。

叶片样品：选择发育中等的当年营养性春梢，由顶端往下取第2～3叶1片（带叶柄）。在采集土壤样品的10～15株柑橘上共采集100片叶作为1个混合样品。采集时注意东、南、西、北4个方位都有分布，叶片装入干净塑料袋中，在袋口挂好标签，标签上应注明采样地点、采样时间、样品编号（与地块编号对应）、采样人等信息，在样品袋内再放1个相同的标签，扎紧袋口。一般采样时间在上午8:00～10:00。

果实样品：在采集叶片样品的10～15株柑橘上，于每株树中部外围的左、右、前、后各取果实1个（每株树取果实4个），共取果样40个左右，装入尼龙袋中，在袋口挂好标签，标签上应注明采样地点、采样时间、样品编号（与叶片编号对应）、采样人等信息，在样品袋内再放1

个相同的标签，扎紧袋口。带回实验室供养分分析和品质分析。

2. 取样地块调查表填写

每一取样地块都要建立地块档案，在田间访问群众时及时填写，这对掌握每一块地的种植历史、产量状况、养分状况，指导施肥、积累系统资料都有重要意义。地块档案信息主要包括：GPS信息（经纬度）、地形、地貌、地块名称、样品编号（土样、叶样和果样）、土壤类型（精确到土属）、当地土名（群众俗名）、土层厚度、灌排条件、种植模式、柑橘品种、挂果年龄、产量水平（前3年产量平均值）、病虫害发生情况、主要产量影响因素以及农户评价等。

3. 样品处理

土壤样品：从田间采回来的土样应及时（24小时以内进行）进行登记、整理和风干，以免错、漏、丢失和引起样品发霉，性质改变。风干应在清洁、阴凉、通风的房内将土样摊成薄层铺在干净的橡胶垫上或大瓷盘中进行，并经常翻动、捏碎，除尽杂物，

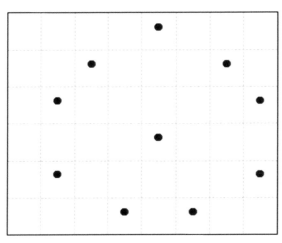

柑橘园内"梅花形"分布各土壤采样点

每株柑橘沿滴水线采集东、南、西、北4个点

图3-1　柑橘园土壤"农化样"采样点的分布

促进干燥。风干样品先过20目筛，混匀后从中取一小部分，再过100目筛，贴好标签，装瓶备用分析。

叶片样品：从田间采回来的叶片样品应先登记，后处理。在实验室处理时，先将叶片用0.1%的中性洗涤液洗涤20秒，取出用清水冲洗，然后用去离子水洗净，再用滤纸吸去叶片上水分，在105℃的鼓风干燥箱中烘20～30分钟杀青，然后在65℃下烘干。将烘干的叶片样品用玛瑙研钵研碎（过20目筛），装于干净的玻璃瓶或塑料袋中保存分析备用。

果实样品：从田间采回来的果实样品应先登记，尽早处理分析。在实验室处理时，先将果实用0.1%的中性洗涤液洗涤20秒，取出用清水冲洗，然后用去离子水洗净，再用滤纸吸去果实上的水分，及时分析鲜果样指标。单果重、果皮重用电子天秤称量，果皮厚度用游标卡尺测定。可食率(%)=（总果重－皮重）÷总重×100。含水量用烘干法测定。可溶性固形物用阿贝折射仪测定。酸度用滴定法测定。维生素C用靛酚蓝滴定法测定。烘干的果实样品（带果皮）用玛瑙研钵研碎（过20目筛），装于干净的玻璃瓶或塑料袋中保存分析备用。

（二）测定项目及方法

1. 土壤样品分析指标

土壤测试项目包括土壤质地、容重、pH值等基本属性和有机质、全氮、全磷、全钾、碱解氮、有效磷、速效钾、缓效钾、有效钙、有效镁、有效硫、有效硼、有效锌、有效铁、有效锰、有效铜、有效钼、有效氯等养分指标，以及重金属（铅、汞、砷、镉、铬）和农药残留（有机氯、有机磷）等土壤环境指标。实际操作时，可根据每个产区生产生态环境及土壤类型的不同，选测部分与制订施肥方案密切相关的指标，不必全部都做测试分析。

2. 植株样品分析指标

叶片测试项目包括全量氮、磷、钾、钙、镁、硫、铁、锰、硼、铜、锌、硼等大中微量矿物质营养元素。实际操作时，可根据每个产区生产生态环境及土壤类型的不同，选测部分与制订施肥方案密切相关的指标，不必全部都做测试分析。果实除了外观品质和内在品质指标外，还可能需要分析上述矿物质营养元素含量，以估算每年因果实收获带走的养分总量。

3. 土壤样品分析方法

土壤和植株样品的分析均采用常规方法，一般参照国家标准或农业行业标准。

（三）土壤—植株肥力评价及施肥方案的制订

根据湖北省柑橘园土壤养分分级标准评价土壤养分状况，综合土壤和叶片养分分析和评价结果，提出不同产区限制柑橘产量和品质的主要土壤养分限制因子，根据柑橘种类、种植密度、产量水平以及当地生态气候条件制订施肥方案。

1. 优化肥料养分配方

柑橘园施肥最好是有机肥料与无机肥料配合施用。幼年树以施氮为主，以促进生长；结果树则在施有机肥的基础上，大、中、微量元素肥料平衡施用，以提高产量和改善品质；衰老树需多施氮肥，以恢复树势。在湖北省柑橘主产区中等地力水平条件下，种植密度60～100株/亩的成年（挂果5年以上）柑橘树，优化施肥配方如下。

（1）蜜橘。

汉江流域产区（密度70～90株/亩）：纯氮0.5～0.6千克/株（包括有机肥料中的氮，下同），纯磷0.25～0.3千克/株，纯钾0.4～0.5千克/株，一水硫酸锌20克/株（或七水硫酸锌30克/株，或大粒锌30克/株），硼砂10～15克/株（或千粒硼7～10克/株）。十堰市区域增施螯合铁肥40克/株。荆门市区域增施硫酸镁（或大粒镁）0.2千克/株。

三峡流域产区（密度60～80株/亩）：纯氮0.6～0.7千克/株，纯磷0.25～0.3千克/株，纯钾0.5～0.6千克/株。缺镁柑橘园增施硫酸镁（或大粒镁）0.25千克/株，一水硫酸锌20克/株（或七水硫酸锌30克/株，或大粒锌30克/株），硼砂15克/株（或千粒硼10克/株），螯合铁肥40～50克/株。

江汉平原产区（密度70～80株/亩）：纯氮0.6～0.7千克/株，纯磷0.25～0.3千克/株，纯钾0.4～0.5千克/株，硫酸镁（或大粒镁）0.2千克/株，一水硫酸锌20克/株（或七水硫酸锌30克/株，或大粒锌30克/株），硼砂15克/株（或千粒硼10克/株），螯合铁肥30～40克/株。

鄂南产区（密度60～70株/亩）：纯氮0.7～0.8千克/株，纯磷0.25～0.3千克/株，纯钾0.45～0.55千克/株，熟石灰0.75千克/株

（石灰性土壤不施），硫酸镁（或大粒镁）0.4千克/株，一水硫酸锌20克/株（或七水硫酸锌30克/株，或大粒锌30克/株），硼砂10克/株（或千粒硼6～7克/株）。

（2）脐橙。

三峡流域产区（密度80～100株/亩）：纯氮0.7～0.8千克/株，纯磷0.3～0.4千克/株，纯钾0.5～0.6千克/株，硫酸镁（或大粒镁）0.25千克/株，一水硫酸锌20克/株（或七水硫酸锌30克/株，或大粒锌30克/株），硼砂15克/株（或千粒硼10克/株），螯合铁肥40～50克/株。

汉江流域产区（密度70～90株/亩）：纯氮0.6～0.7千克/株，纯磷0.2～0.3千克/株，纯钾0.4～0.5千克/株，一水硫酸锌20克/株（或七水硫酸锌30克/株，或大粒锌30克/株），硼砂10～15克/株（或千粒硼7～10克/株），螯合铁肥35～40克/株。

（3）椪柑。

密度80株/亩左右的椪柑园，纯氮0.7～0.8千克/株，纯磷0.3～0.4千克/株，纯钾0.5～0.6千克/株，一水硫酸锌20克/株（或七水硫酸锌30克/株，或大粒锌30克/株），硼砂15克/株（或千粒硼10克/株），螯合铁肥30～40克/株。

2. 氮、磷、钾肥料品种，肥料周年分配比例和施肥方法

肥料品种：氮、磷、钾单质化肥的用量根据公式"肥料用量（千克/株）=养分用量（千克/株）÷有效养分含量"计算，常见肥料品种的有效养分含量见表3-1。以汉江流域产区蜜橘全部施化学肥料为例，中等土壤肥力条件下，70～90株/亩的盛果期蜜橘（株产120～150千克），全年氮、磷、

钾施用量为：尿素1.1～1.3千克/株，过磷酸钙（含12%纯磷）2.1～2.5千克/株，氯化钾0.65～0.85千克/株（或者硫酸钾0.8～1.0千克/株）；如果使用45%（氮、磷、钾含量15～15～15）的复混肥，全年氮、磷、钾施用量为：复混肥1.6～2.0千克/株，尿素0.5～0.7千克/株，硫酸钾0.25～0.45千克/株；如果使用其他品种的复混肥，则以磷肥用量为基础计算复混肥用量，不足的氮、钾肥分别用尿素和硫酸钾补齐。

肥料周年分配比例：减少施肥次数和用工，化学氮、磷、钾肥分春肥、壮果肥和还阳肥3次施用，氮肥3次施用的比例分别为30%、40%、30%，磷肥3次施用的比例分别为40%、30%、30%，钾肥3次施用的比例分别为20%、50%、30%；钙肥（石灰）和镁肥在还阳肥时一次性施用；所有微量元素肥料在春肥和壮果肥时期各施50%，有条件的地方在初果期叶面喷施钼酸。

施肥方法：柑橘施肥有两种方式。一是开沟环施，即在树冠滴水线附近开环状施肥沟，将所有肥料混匀施肥后覆土，施肥沟可围绕树冠开成连续的圆形，也可间断地开成2～4条对称的月牙形；施肥沟深度因根系分布深度而异，以施到吸收根系附近又能减少对根系的伤害为宜，通常为深25～30厘米、宽30～40厘米。二是放射状施肥法，即以树冠为圆心，向外放射至树冠覆盖边线开4～5条施肥沟进行施肥。建议不同施肥方法交替使用，并且后续的施肥位置与前期的适当错开，并注意锌肥与磷肥不混合在一起。

叶面施肥：叶面施肥作为一种辅助的施肥手段，其优点是见效快。对磷和其他微量元素来说，还可减少其被土壤固定。比如，为了促进新梢生长和果实壮大，可在相应的生育期喷0.5%尿素和1%～3%的过磷酸钙澄清液数次；为了使花受精良好，减少落蕾、落花和早期落果，可在花前喷0.1%硼砂溶液。

3. 柑橘园地力培育与化学肥料减施技术

有机肥料在培肥地力与改善作物品质，特别是在改善蔬菜、水果、烟草、茶叶等产品品质方面的作用，已得到充分肯定，有机肥与化肥配合施用是无公害农业施肥技术的发展方向。当前，国家又发出了"减肥减药"的号召，提出在保障我国粮食安全的前提下，有效控制化肥农药的使用量，逐步降

柑橘园秸秆覆盖还田技术

柑橘园生草翻压还田技术

图3-2　柑橘园地力培育技术

低农业生产对化肥农药的依赖程度。因此，要大力提倡因地制宜施用有机肥料，提升土壤有机质含量，培肥柑橘园土壤，同时减少化学肥料的使用量。根据示范区有机肥源具体现状，制订有机肥料替代部分化学肥料技术方案，具体做法如下。

每亩施腐熟农家肥（厩肥、堆肥、人畜粪便、绿肥翻压还田等）20～25千克/株，或者施商品有机肥（如饼肥）、鸡鸭粪肥等4～6千克/株，化学氮肥、磷肥可分别减少15%～20%，化学钾肥、石灰、镁肥分别可减少25%～30%，铁肥、硼肥、锌肥等微量元素肥料减半。有机肥在还阳肥和壮果肥时期各施50%，酌情降低化学氮、磷、钾肥的还阳肥分配比例。

（四）柑橘叶片常见缺素种类、症状及矫正技术

湖北省柑橘园立地条件和土壤肥力较差，土壤中多种作物必需营养元素含量偏低，缺素现象普遍。除氮、磷、钾"肥料三要素"以外，全省柑橘园土壤普遍缺硼、缺锌，鄂南产区柑橘园土壤普遍缺钙、缺镁，汉江流域、三峡流域、江汉平原产区柑橘园土壤普遍缺铁，少部分柑橘园土壤缺硫（如秭归紫色土）。此外，也有少部分柑橘园存

图3-3　柑橘叶片和果实缺氮症状

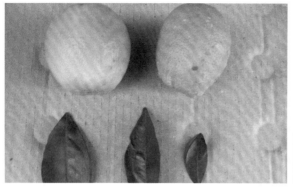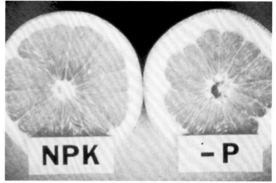

图3-4 柑橘叶片和果实缺磷症状（左图为姜存仓提供）

在铁、锰、铜、钼含量过量的现象。下面对湖北省柑橘常见缺素症状进行简单描述，并附上典型的缺素症状图谱供营养诊断时参考。

需要注意的是，实际生产中，叶片表现出来的往往是一种综合性特征，因此进行柑橘营养叶片诊断时，需要根据区域生态条件、近期施肥情况等因素综合判断。利用施肥措施校正缺素症状的同时，要注意改善柑橘园生态环境条件（如改善通风透光条件、及时灌溉和防治病虫害等），使肥料养分的增产提质功效得到最大限度的发挥。施微量元素肥料时，要避免长期超量施用，以防土壤局部养分浓度过高而引起中毒。另外，当叶片或果实出现典型缺素症状时，说明植株养分缺乏程度已经很严重，实际生产中应在潜在缺乏之前就注意肥料的平衡和补充。

1. 缺氮

柑橘缺氮时，老叶黄绿色至全叶发黄，可发展为整株叶片均发黄，新叶小而薄，淡绿色至黄色；新梢细弱；果小、果少，皮薄且光滑，比正常果早着色；树势弱。缺氮严重时，会导致叶片脱落，枝条死亡。

防治方法

（1）施用氮肥。

根据柑橘生长发育的需要，适时适量施用氮肥。多花多果的树应比少花少果的树增加氮肥用量。严寒来临之前要施氮肥，沙质重的土壤多施有机肥。避免过多施用钾肥。新叶出现淡绿色至黄色，或结果期缺氮时，可用0.3%～0.5%尿素进行根外追肥。

（2）搞好排灌。

注意搞好橘园排灌系统，避免雨季积水。

2. 缺磷

柑橘缺磷时，老叶暗绿色至古铜色，无光泽，有时出现枯斑；新叶小、色浓绿、发暗；枝梢纤细；春季开花期和开花后老叶大量脱落；花少；果实质粗、皮厚，未成熟即变软。

防治方法

（1）施用磷肥。

土壤酸度低于pH值6.5的酸性土壤，以施用不易流失的迟效磷肥如磷矿粉、骨粉为宜；中性或碱性土壤可施用速效性的过磷酸钙，亦可施用钙、镁、磷肥。但是磷肥施用过多，会影响铁、锌、铜的吸收，发生缺

图3-5　柑橘叶片和果实缺钾症状（左上图为姜存仓提供）

铁、缺锌、缺铜病。一般可在春季挖穴，集中深施磷肥，每株树0.5～1.0千克，或与有机肥料混合堆制后深施。酸性土壤还可适当施用石灰，降低土壤酸度。

（2）喷施磷肥。

过磷酸钙在土壤中易被固定为非溶性磷化合物，在柑橘展叶后树冠喷施0.3%～3%过磷酸钙液，比施入土壤中效果更快。

（3）注意保水。

干旱季节进行地面覆盖，保持土壤水分，使磷易被吸收。

3. 缺钾

柑橘缺钾时，老叶叶尖首先发黄，边缘枯焦，叶片略呈皱缩。随着缺钾程度加重，叶片逐渐由扭弯、卷曲、皱缩而呈杯状；新叶一般为正常绿色，但结果后期当年生叶片叶尖也会明显发黄，在高产脐橙上尤其严重。果小、着色不好，皮薄且光滑，果食味淡。严重缺钾时，可导致叶落、梢枯、果落、果裂。

防治方法

（1）施用钾肥。

夏、秋季柑橘生长旺盛时期施用草木灰或硫酸钾等钾肥。成年树可先挖数穴，施入硫酸钾0.5～1.0千克。干旱季节应在施入后浇水，或溶水后浇施，并少施氨态氮肥，以免影响钾的吸收。

（2）改良土壤。

深翻压施绿肥并施石灰，或增施其他有

图3-6　柑橘叶片缺钙症状

机肥料，改良土壤，提高肥力。

4. 缺钙

柑橘缺钙时，新叶尖端发黄甚至变黑枯死；叶片和新梢抽出困难；新梢短，叶小；果小、颜色发青，成熟期推迟；果皮薄，易裂果。严重时，落叶、枝梢枯死。

防治方法

（1）施用石灰。

酸性土壤施用石灰调节酸度至pH值6.5左右，以增加代换性钙的含量。施用量视土壤酸度而定，一般刚发生缺钙的柑橘园，每亩施石灰35～50千克，与土混匀后再浇水。

（2）喷施钙肥。

刚发病的树可在新叶期树冠喷施0.3%氯化钙液数次，对氯敏感的品种可换用磷酸氢钙或硝酸钙液。

（3）合理施肥。

钙含量低的酸性土壤，多施有机肥料，少施氮和钾的酸性化肥。

（4）注意保水。

坡地酸性土壤柑橘园，宜修水平梯地，雨季加强地面覆盖。沙性土壤应该换肥沃的黏性土壤。

5. 缺镁

柑橘缺镁时，结果枝老叶脉间和沿主脉两侧显现黄点或黄色斑块；叶尖和叶基呈明显"V"形或三角形绿色区；整个叶片可能变成古铜色；采果前后黄化叶片常提早脱落；小枝易枯死。

图3-7　柑橘叶片和果实缺镁症状（左上图为姜存仓提供）

防治方法

（1）喷施镁肥。

在发病初期或发病轻的橘园，可用0.5%硝酸镁液，或0.2%硝酸镁与0.2%硫酸锌混合液，或0.5%硫酸镁与0.2%尿素混合液喷施于叶面。单独喷施硫酸镁效果不好。叶面喷施比土壤施用效果快，但持效期短。

（2）土壤施用镁肥。

在施用有机肥料改良土壤的基础上，pH值6以下的酸性土壤每株树用钙、镁、磷肥1千克；pH值6以上的弱酸性至碱性土壤每亩用氯化镁或硫酸镁50~60千克，与猪粪等有机肥沤制成堆肥，在春季施入土中。在钾、钙有效浓度很高的土壤中，对镁有极明显拮抗作用，抑制根系吸收镁的能力，须增加施用量。

（3）合理施肥。

增施有机肥料，避免大量偏施速效性钾肥；钾含量高的土壤停止施用钾肥和复合肥，只单施氮肥，以促进镁的吸收利用。酸性土壤可适当施用石灰，降低土壤酸度。

6. 缺硼

柑橘缺硼时，新叶上会出现黄色水浸状斑驳或斑点，呈不同程度的畸形；成熟叶及老叶沿主脉和侧脉变黄，而叶柄处呈绿色；叶正面主、侧脉增粗，爆裂和木栓化；老叶片往往变厚、革质、变形、无光泽、卷曲和皱缩；果小，僵果，果实表面凹凸不平，果皮粗厚，果皮和中柱有褐色胶状物，中柱纤维化，果汁率低。

图3-8　柑橘叶片和果实缺硼症状（上图为姜存仓提供）

　**防治方法**

（1）施用硼肥。

将硼肥混入人粪尿中，在树冠下挖沟施入，盖上部分有机肥再覆上土。成年树每次施用硼肥0.1～0.15千克，轻病树可酌量减少。一般两三年施用1次。

（2）根外喷硼。

一般在早春和盛花期各喷用硼肥（硼酸或硼砂液）1次，可有效地防治缺硼病。早春喷用0.5%～0.8%的浓度，其后用0.3%～0.4%的浓度，但在夏秋季节应改用0.2%～0.3%的浓度。为了防止药害，可加入

0.5%左右的生石灰。喷用时应选阴天，或在晴天早晚温度较低、湿度较大时进行。

（3）避免过多施用氮、磷、钙肥。

特别是有机质含量低的土壤，更应注意不可过多施用氮、磷、钙肥，应当施用堆厩肥，或含硼较高的农家肥及绿肥。在酸性土中，也不宜过多施用石灰。

7. 缺锌

柑橘缺锌时，新叶小，叶脉间呈黄色斑驳；新梢节间短，枝条生长量减小，小叶、丛生，俗称"小叶病"；果小，多畸形；严重时梢枯。

图3-9　柑橘叶片缺锌症状（左上图为姜存仓提供）

防治方法

（1）喷施硫酸锌或环烷酸锌。

早春发芽前每隔7～10天叶面喷施0.3%硫酸锌加0.2%～0.3%尿素混合液，或0.3%硫酸锌加0.5%熟石灰混合液两次。亦可5～7月份喷施0.015%环烷酸锌两次。

（2）土壤施用硫酸锌。

酸性土壤可在4～6月每株树用硫酸锌0.1千克，拌牲畜粪等有机肥料施入根际土壤中，或结合春秋季施基肥，每株大树施入硫酸锌0.5～1.0千克。用于中性或碱性土壤则无效。若因缺镁、缺铜诱致的缺锌，单施锌盐的效果不大，必须同时施用含镁、铜、锌的盐类，才能获得良好的效果。

（3）合理施肥。

图3-10　柑橘叶片缺铁症状及施铁效果（左下图为姜存仓提供）

根据柑橘生长的营养要求，合理施肥，避免过多施用氮肥和磷肥，增施有机肥料。

（4）及时排灌。

地下水位高的低洼橘园，应深开围沟排水，秋旱天气及时灌水。

8. 缺铁

柑橘缺铁时，新叶呈现不同程度黄白色，叶脉绿色，顶梢叶片呈现典型脉序，即在黄白色叶片上呈现绿色的网状脉；严重时顶部叶均为黄白色或古铜色；老叶保持绿色，受害叶片常提早脱落，严重时枯梢；果皮发黄，汁少味淡。

防治方法

改良土壤，增施有机肥。每平方米树

冠投影面积用高效铁肥（Fe-EDDHA）4～10克兑水于春梢抽生初期和花谢后1周浇施，或叶面喷施0.1%～0.2%硫酸亚铁加等量石灰。

9. 缺钼

柑橘缺钼时，新梢成熟叶片出现近圆形或椭圆形黄色至鲜黄色斑块，俗称"黄斑病"；叶背斑驳部位呈棕褐色，并可能流胶形成褐色树脂；叶片内卷略呈杯状。纽荷尔脐橙叶片缺钼会形成鞭尾叶。

防治方法

（1）施用钼肥。

柑橘缺钼时，可喷施0.01%～0.05%钼酸铵或钼酸钠液，但应避免在发芽后不久的

图3-11　柑橘叶片缺钼症状（左上、右上图分别为王运华、姜存仓提供）

图3-12　柑橘叶片和果实缺铜症状

新叶期喷施，以防发生药害。也可每亩用20～30克钼酸铵与过磷酸钙混施于根部。

（2）增施石灰。

强酸性土壤可增施石灰，降低土壤酸度，提高钼的有效性。

10. 缺铜

柑橘缺铜病又称死顶病。只发生于一些新发展的山区酸性土壤柑橘园，在常喷波尔多液防病的柑橘区未见发生。幼嫩枝叶先表现明显症状。幼枝长而软弱，上部扭曲下垂或呈"S"状，以后顶端枯死。嫩叶变大

图3-13　柑橘叶片缺锰症状

而呈深绿色，叶面凹凸不平，叶脉弯曲呈弓形；以后老叶亦会变大且呈深绿色，略呈畸形。严重缺铜时，从病枝一处能长出许多柔嫩细枝，形成丛枝，长至数厘米则从顶端向下枯死。缺铜特别严重时，病株呈枯死状态，大枝上萌发特大而软弱的嫩枝，这些嫩枝很快又出现上述症状。根群大量死亡，有的出现流胶。严重缺铜时病树不结果，或结的果小，显著畸形，淡黄色。果皮光滑增厚，幼果常纵裂或横裂而脱落，其果皮和中轴以及嫩枝有流胶现象。果实常较枝条迟出现症状，轻度缺铜时果面只生许多大小不一的褐色斑点，后则斑点变为黑色。

防治方法

（1）喷施硫酸铜。

严重缺铜时，应在春芽萌动前树冠喷施0.1%硫酸铜液，防治效果快且显著，可以迅速恢复树势。

（2）喷用波尔多液。

轻度缺铜时，可结合防治其他病害，喷用波尔多液。

（3）合理施肥。

增施有机肥料，改良土壤，避免过量施用氮、磷肥和石灰。

11. 缺锰

幼叶上表现明显症状，病叶变为黄绿色，主、侧脉及附近叶肉绿色至深绿色。轻度缺锰的叶片在成长后可恢复正常，严重或继续缺锰时侧脉间黄化部分逐渐扩大，最后仅上脉及部分侧脉保持绿色，病叶变薄。柑橘缺锰幼叶淡绿色呈现细小网纹。

防治方法

（1）喷施硫酸锰。

碱性土壤橘园，在5～6月柑橘生长旺盛季节嫩梢长10厘米左右或嫩叶未转绿前，喷施0.2%～0.4%硫酸锰与1%～2%生石灰混合液1次，7～10天后再喷1次，防治效果很好。

（2）土壤施用硫配锰或硫黄粉。

酸性土壤橘园春季每株树与其他肥料混施硫酸锰0.15千克，碱性土壤橘园则每亩掺施硫黄粉75～100千克，以降低土壤酸碱度和提高有效态锰含量。

（3）加强肥水管理。

多施堆制厩肥或沤制绿肥。排水不良的橘园在雨季开沟排水，降低地下水位。

表3-1 不同肥料养分的含量

肥料种类	肥料名称	传统名称	主要养分		其他养分		备注
			名称	含量	名称	含量	
化学肥料	尿素	氮肥	氮	46%			
	碳酸氢铵	氮肥	氮	17%			
	硝酸铵	氮肥	氮	35%			
	硫酸铵	氮肥	氮	21%	硫	24%	溶液pH值5~6
	过磷酸钙	磷肥	磷	12%	硫 钙	12% 20%	溶液pH值<2
	磷酸二铵	磷肥	磷	46%	氮	18%	溶液pH值7.5~8
	磷酸一铵	磷肥	磷	48%	氮	11%	溶液pH值4~4.5
	钙镁磷肥	磷肥	磷	18%	氧化钙 氧化镁	25% 14%	
	氯化钾	钾肥	钾	60%	氯	47%	溶液pH值7
	硫酸钾	钾肥	钾	50%	硫	18%	溶液pH值7
	硝酸钾	钾肥	钾	45%	氮	13%	溶液pH值7~10
	磷酸二氢钾	钾肥	磷	52%	钾	34%	二元复合肥
	硫酸镁	镁肥	镁	20%	硫	26%	长效大颗粒
	硫黄	硫肥	硫	100%			
	硼砂	硼肥	硼	10%			
	硼酸	硼肥	硼	16%			
	千粒硼	硼肥	硼	15%			长效大颗粒
	七水硫酸锌	锌肥	锌	22%	硫	10%	
	一水硫酸锌	锌肥	锌	35%	硫	16%	

续表

肥料种类	肥料名称	传统名称	主要养分		其他养分		备注
			名称	含量	名称	含量	
	大粒锌	锌肥	锌	34%	硫	15%	长效大颗粒
	螯合铁肥	铁肥	铁	10%~20%			
	生石灰	土壤改良剂	氧化钙				与水反应,生成熟石灰
	熟石灰	土壤改良剂	氢氧化钙				相对不溶于水,溶液pH值>12

表3-2 不同肥料的含量

肥料种类	肥料名称	氮含量	磷含量	钾含量	有机质含量
有机肥料	厩肥	0.5%	0.2%~0.3%	0.6%	25%
	堆肥	0.5%	0.2%~0.3%	0.4%~2.7%	5%
	饼肥	2%~7%	0.4%~1.6%	1%~2%	~
	绿肥	0.5%	0.1%~0.2%	0.2%~0.5%	17%~18%
	秸秆	0.5%	0.2%~0.3%	1.5%~3%	~
	鸡鸭粪	1.1%~1.6%	1.4%~1.5%	0.6%~0.9%	25%
	人畜粪便	0.3%~1.7%	0.3%~1.7%	0.1%~0.50%	0.2%~2%

四、柑橘病虫害生态防治技术

（一）柑橘红蜘蛛

1. 症状

该虫害主要为害柑橘叶片、枝梢和果实。被害叶面呈现无数灰白色小斑点，失去原有光泽，严重时全叶失绿变成灰白色，造成大量落叶。亦能为害果实及绿色枝梢，影响树势和产量。一年发生多代，主要由于温度的影响，红蜘蛛的发生有两个高峰期，一般出现在4～6月和9～11月。极易产生抗药性，高温干旱季节发生严重。

2. 防治策略

柑橘螨类的防治应从柑橘园生态系统全局考虑，贯彻"预防为主，综合防治"的方针，合理使用农药，保护、利用天敌，充分发挥生态系统的自然控制作用，将害螨的为害控制在经济允许水平之下。

3. 防治方法

（1）农业防治。

加强柑橘园水肥管理。冬、春干旱时及时灌水，促进春梢抽发，利于寄生菌、捕食螨的发生和流行，造成对害螨不利的生态环境。

（2）生物防治。

①保护和利用天敌，对害螨有显著的控制作用。

成年树在每年的3～9月均可释放，幼龄树建议在每年的7～8月释放。释放时每叶害螨数量控制在两只以内，害虫少于1只（均为百叶平均）。按要求使用，控害期达60～90天。每株1袋（≥500只）在傍晚或阴天释放，在纸袋上缘1/3处斜剪3～4厘米长的一小口，再用图钉或塑料细绳固定在树冠内背阳光的主杆上，袋底靠枝丫。

②施用生物农药叶绿康（果树专用型）。

在若螨期，于阴天或傍晚喷施叶绿康（果树专用型）。稀释50倍施用，均匀喷施于叶片背面，每隔7～10天施用1次，连续使用两三次。

（二）柑橘潜叶蛾

1. 症状

该虫以幼虫潜蛀入植株的新梢、嫩叶，在上下表皮的夹层内形成迂回曲折的虫道，使整个新梢、叶片不能舒展，并易脱落；削弱光合作用，影响新梢充实，成为其他小型害虫的隐蔽场所，增加柑橘溃疡病病菌侵染的机会，严重时可使秋梢全部枯黄。一年发生多代，每年4月下旬至5月上旬，幼虫开始为害，湖北地区5～6月和8～9月为两个发生盛期，为害严重。

2. 防治策略

适时灌溉，清除杂草，消灭越冬、越夏虫源，降低虫口基数。

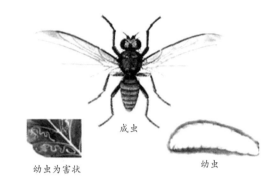

幼虫为害状　　成虫　　幼虫

3. 防治方法

在幼虫盛发期，施用生物农药叶绿康（果树专用型）。稀释50倍施用，均匀喷施于叶片背面，每隔7～10天施用1次，连续使用两三次。

（三）柑橘锈壁虱

1. 症状

该虫以成螨、若螨群集于叶、果、嫩枝上为害，主要为害柑橘叶背和果实。为害叶片主要是在叶背出现许多赤褐色的小斑，然后逐渐扩展并遍布全叶叶背，严重时可致叶片脱落；受害的嫩枝也可出现许多赤褐色略微凸起的小斑；受害的果实一般先在果面破坏油胞，接着在果实凹陷处出现赤褐色小斑点，由局部扩大至全果，使整个果实呈现黑褐色粗糙而无光泽的现象。这些受害果实不仅失去美观和固有光泽，而且品质降低，水分减少。

未成熟的果实受害后，直接影响其生长发育，使果实细少，严重影响产量。湖北地区主要为害时期为7～8月。柑橘膨大后的青果是其主要为害对象，为害之后柑橘果面呈铁锈色，木栓化，严重影响商品价值。

2. 防治方法

采用"以螨治螨"的防治策略，成年树在每年的3～9月均可释放，幼龄树建议在每年的7~8月释放。释放时每叶害螨数量控制在两只以内，害虫少于1只（均为百叶平均）。按要求使用，控害期达60~90天。每株1袋（≥500只）在傍晚或阴天释放，在纸袋上缘1/3处斜剪3~4厘米长的一小口，再用图钉或塑料细绳固定在树冠内背阳光的主杆上，袋底靠枝丫。

（四）柑橘大实蝇

1.症状

成虫产卵于柑橘幼果中，幼虫孵化后在果实内部穿食瓤瓣，常使果实出现未熟先黄、黄中带红现象，使被害果提前脱落。而且被害果实严重腐烂，使果实完全失去食用价值，严重影响产量和品质。该虫1年发生1代，成虫活动期可持续到9月底。雌成虫产卵期为6月上旬到7月中旬。幼虫于7月中旬开始孵化，9月上旬为孵化盛期。10月中旬到11月下旬化蛹、越冬。5~6月为成虫活动盛期和产卵期，柑橘成熟或者青黄时幼虫（蛆）为害果实，导致果实腐烂。

2.防治方法

（1）以防治成虫为主。

采用实蝇诱杀剂，每亩用药1袋；1份原药，兑两份水，充分搅拌。选择果树背阴面中下层叶片或瓜果架阴面中下层叶片点状喷施。每亩果园喷10个点，每点喷施面积约0.5平方米，喷施稀释后的药液30~50毫升，以叶片上挂有药剂但不流淌为宜。带状喷施：大面积使用时采用机械带状喷施；顺行在果树树冠中下部或瓜果架中下部叶片喷施，形成一条宽约0.5米的药带。群防联防，集中销毁虫果。

（2）在花果期喷施生物农药花果丰（果树专用型）。

于阴天或傍晚稀释50倍，均匀喷施于果上，每隔7~10天施用1次，连续使用一两次。

（3）农业防治。

处理虫果：将收集的虫果掩埋在45厘米以上深度的土坑中，用土覆盖严实，或者将虫果直接装入高强度的密封袋中，密封处理，直接杀死果实中的幼虫。冬耕灭蛹：冬季冰冻前，翻耕园土一次，增加蛹的机械伤亡率，或因蛹的位置变更，不适应其生存而死亡，如冻死、闷死或不能羽化出土，或因被翻至地面，被鸟类等天敌啄食而消灭。

（4）其他诱杀防治。

在成虫羽化期，利用刚羽化出土的柑橘大实蝇生命力较弱，成虫需补充营养物质进行引诱，集中诱杀成虫。毒饵配方可选用5%红糖+0.5%白醋+0.2%敌百虫溶液；果瑞特（0.1%阿维菌素饵剂，湖北谷瑞特生物技术有限公司）2倍液；猎蝇（0.02%

饵剂GF-120，美国陶氏益农公司）5倍液；5%红糖+5%橙汁+5%水解蛋白+0.2%敌百虫溶液；大实蝇食物诱剂等。每亩点喷5株橘树，每株喷树冠1/3以下的1/3面积。或者在羽化期对橘园地面生草喷施诱杀剂诱杀成虫。也可采用新型诱捕器诱杀，如已获得国家发明专利的"柑橘大实蝇诱集芯片"

（专利号ZL201110285117.5）或国家实用新型专利"柑橘大实蝇诱杀器"（专利号为ZL201120359270.3）。田间使用时，将柑橘大实蝇诱杀球体置于树体中上部，每亩5~10个，诱杀球体可重复使用，但为了保证诱杀效果，诱杀芯片应每两三个月更换1次。

（五）柑橘根腐病

1. 症状

主要危害幼苗，成株期也能发病。发病初期，仅仅是个别支根和须根感病，并逐渐向主根扩展。主根感病后，早期植株不表现症状，后随着根部腐烂程度的加剧，引起植株大量异常落叶、落果，严重时全树枯死。根颈部和树干、枝条上无任何异常症状。刨开根系后，可见须根皮层不同程度变褐腐烂，并有鱼腥臭味。根表皮腐烂变黑，不发新根和须根，地上部分枝叶变黄，小苗两三年死亡，大树停止生长或者生长缓慢，逐年衰老。重茬或者积水严重地块发病较重。

2. 防治方法

苗木定植前将活土源（200千克/亩）+有机肥（2000千克/亩）作为底肥施于穴内。苗木栽植可用种苗壮（柑橘专用型）50倍液灌根1~3次，防治苗期根部病虫害，促进生根壮苗。成年丰产果树1年施用活土源颗粒剂两次，每次40千克，改良土壤，防病促生。3月（苗木定植后）施1次，10月底至11月中旬（采收后）施第二次。

（六）柑橘炭疽病

1. 症状

为害叶片有两种症状类型：急性型（叶枯型）症状和慢性型（叶斑型）症状。

急性型（叶枯型）症状常从叶尖开始，初为暗绿色，像被开水烫过的样子，后变为淡黄色或黄褐色，病、健部分边缘不明显。叶卷曲，叶片很快脱落。此病从开始到叶片脱落仅为3~5天。叶片已脱落的枝梢很快枯死，并且在病梢上产生许多朱红色而带黏性的液点。慢性型（叶斑型）症状多出现在成长叶片或老叶的叶尖或近叶缘处，圆形或近圆形，稍凹陷，病斑初为黄褐色，后期灰白色，边缘褐色或深褐色。病、健部组织分界明显。天气潮湿时，病斑上会出现许多朱红色而带黏性的小液点。在干燥条件下，病斑上会出现黑色小粒点，散生或呈轮纹状排列。病叶脱落较慢。

枝梢受害后也有两种症状。一种是由梢顶向下枯死。多发生在受过伤的枝梢。初期病部褐色，以后逐渐扩展，终致病梢枯死。枯死部位呈灰白色，病、健部组织分界明显，病部上有许多黑色小粒点。另一种发生在枝梢中部，从叶柄基部腋芽处或受伤皮层处开始发病，初为淡褐色，椭圆形，后扩展成梭形，稍凹陷。当病斑环割枝梢1周时，其上部枝梢很快全部干枯死亡。花开后，如果雌蕊的柱头受害，呈褐色腐烂状，会引起落花。果实受害，多从果蒂或其他部位出现褐色病斑。在比较干燥的条件下，果实上病斑病、健部分边缘明显，呈黄褐色至深褐色，稍凹陷，病部果皮革质，病组织只限于果皮层。空气湿度较大时，果实上病斑呈深褐色，并逐渐扩大，终至全果腐烂，其内部瓢囊也变褐腐烂。幼果期发病，病果腐烂后会失水干枯变成僵果悬挂在树上。

果实受害症状，分干斑型与果腐型两种。干斑型病斑黄褐色至栗褐色，凹陷，瓢囊一般不受害；果腐型多发生于贮藏期，自果蒂部或近蒂部开始出现褐色的不规则病斑，后逐渐扩散，并侵入瓢囊，终至全果腐烂。

2. 防治方法

（1）加强栽培管理，提高树体抗病力。

防治柑橘炭疽病应以加强栽培管理，提高树体抗病力为主，辅以冬季清园及喷药保护等措施。

②药剂防治。

在春、夏、秋梢的嫩梢期各喷1次药。

保护幼果要在落花后1个月内进行。每隔10天左右喷药1次，连续喷两三次。

防治炭疽病的有效药剂有：40%灭病威悬浮剂500倍液，65%代森锌可湿性粉剂500倍液，50%代森铵水剂800～1000倍液，70%甲基托布津可湿性粉剂800～1000倍液，50%多菌灵可湿性粉剂600倍液，或80%炭疽福美可湿性粉剂500～800倍液。采果后用45%特克多悬浮剂500倍液或使用75%抑霉唑硫酸盐2000倍+50%苯来特可湿性粉剂1000倍+72%2，4-D乳剂5000倍浸果一两分钟。

（七）柑橘煤烟病

1. 症状

在我国柑橘产区普遍发生，症状常发生在柑橘叶、果实和枝梢表面。其上生出的霉层，颇似覆盖的一层煤烟灰，使植株生长受影响，果实品质和产量降低。受害严重时，叶片卷缩或脱落，幼果腐烂。真菌以蚜虫、介壳虫和粉虱等害虫的分泌物为营养生长繁殖，但不侵入寄主，黑霉层容易被抹掉。发生严重时影响树体的光合作用和果实着色，

使树势生长衰弱，降低果实的品质。

2. 防治方法

（1）农业措施。

加强柑橘园管理，适当修剪，以利通风透光；降低树冠湿度，增强树势。

（八）柑橘脂点黄斑病

1. 症状

常见两种症状。一种是黄斑型：发病初期在叶背生一个或数个油浸状小黄斑，随叶片长大，病斑逐渐变成黄褐色或暗褐色，形成疮痂状黄色斑块。另一种是褐色小圆斑型：初在叶面产生赤褐色略凸起小病斑，后稍扩大，中部略凹陷，后期病部中央变成灰白色。

2. 防治方法

（1）加强栽培管理。

特别对树势弱，历年发病重的老树，应增施有机质肥料，并采用配方施肥，促使树势健壮，提高抗病力。

（2）抓好冬季清园，扫除地面落叶集

（九）柑橘疮痂病

1. 症状

为害新梢，叶片和幼果，也可为害花器。受害叶片初现油浸状小点，随之逐渐扩大，呈蜡黄色至黄褐色，后变灰白色至灰褐色，形成向一面突起的直径0.3～2毫米的圆锥形疮痂状木栓化病斑，似牛角或漏斗状，表面粗糙。叶片正反两面都可生病斑，但多数发生在叶片背面，不穿透两面。病斑散生

（2）化学防治。

在蚧类、粉虱和蚜虫等害虫发生严重的柑橘园，应喷施松脂合剂或机油乳剂等防治，亦可于发病初期喷施机油乳剂60倍液或50%多菌灵可湿性粉剂400倍液。

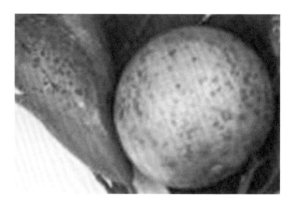

中烧毁或深埋。

（3）药剂保护。

可选用80%代森锰锌可湿性粉剂600倍液；10%思科（苯醚甲环唑）水分散粒剂3000倍液；25%阿米西达（嘧菌酯）可湿性粉剂1250倍液（80克/100升水）。

或连片，为害严重时使叶片畸形扭曲。新梢受害症状与叶片相似，但突起不明显，病斑分散或连成一片，枝梢短小扭曲。花瓣受害很快脱落。果实受害后，果皮上常长出许多散生或群生的瘤状突起，幼果发病多呈茶褐色腐烂脱落；稍大的果实发病产生黄褐色木栓化的突起，畸形易早落，果实大后发病，病斑往往变得不大显著，但皮厚汁少；果实后期发病，病部果皮组织一大块坏死，呈癣皮状剥落，下面的组织木栓化，皮层较薄，久晴骤雨常易开裂。

2. 防治方法

（1）药剂防治。

喷药保护的重点是嫩叶和幼果。

在春梢新芽萌动至芽长2毫米前喷药保护春梢，在花谢2/3时喷药保护幼果。药剂可选用：0.5%～0.8%倍量式波尔多液，70%普菌克可湿性粉剂500～700倍液，30%氧氯化铜600倍液，40%多硫悬浮剂300～500倍液，50%多菌灵可湿性粉1000倍，70%甲基托布津可湿性粉剂800～1000倍液，50%苯菌灵(苯来特)可湿性粉剂1000倍液，50%灭菌丹可湿性粉剂500倍液，75%百菌清可湿性粉剂500～800倍液，铜皂液(硫酸铜0.5千克，松脂合剂2千克，水200千克)，10%思科（苯醚甲环唑）水分散粒剂（雨季使用1500～2000倍液，旱季使用2000～3000倍液），30%爱苗乳油3000～5000倍液，20%噻菌铜胶悬剂500倍液。

（2）减少菌源。

减少菌源，结合冬春季修剪，剪除枯病枝叶和过密郁闭枝条，并清除地面枯枝落叶，减少初侵染来源。

（3）加强肥水管理，及早预防其他病虫害。

促树势健壮，新梢抽发整齐，可增强抗病力。

（4）新建果园时选用无病苗木。

新建果园时，选用无病苗木。病区接穗用50%苯菌灵可湿性粉剂800倍液浸泡30分钟，有良好的杀菌消毒效果。

五、柑橘冻害防止技术

柑橘是亚热带常绿果树，对低温比较敏感。柑橘冻害常呈周期性发生。新中国成立以来，出现全国性的柑橘大冻害共有5次：1954-1955年、1968-1969年、1976-1977年、1991-1992年、2008年，尤其以2008年出现的冻害最为严重，连续20多天遭遇雨雪低温异常天气。在这次异常天气中，日平均气温≤0℃的持续天数、连续雨雪日数、积雪厚度都是近50年以来之最，全国柑橘产区大部分较长时间处于-4℃左右的低温，部分产区在-7～-9℃，柑橘遭受到大面积的低温冻害和雪灾。此次冰冻雨雪天气给柑橘产业带来了较为严重的损失。由此可见，柑橘产区每10年左右就会发生1次比较严重的冻害，低温冻害一直是柑橘产业发展面临的严峻问题。

（一）柑橘防冻栽培技术

1. 柑橘适栽区域选择

柑橘适栽区域应符合《湖北省柑橘区域规划》。温州蜜柑为主栽品种时，该地区的10年周期内冬季极端最低气温一般不低于−9℃。椪柑为主栽品种的地区，冬季极端低温一般不低于−8℃。橙类，尤其是脐橙为主栽品种的地区，冬季极端低温一般不低于−7℃。

2. 柑橘园地选择

柑橘园应选择坡地，尤其是南面开口的马蹄形坡地。水库等大水体、江河两岸坡地可以作为发展柑橘生产的基地。在有冻害的地区，应尽量利用向阳的南坡、东坡建立柑橘园。在坡地要利用海拔100～300米的逆温层暖带栽植柑橘，园地要求土壤疏松、土层深厚、排水性能好。应当避免在北坡、北风口、夹山冲、大山顶、山脊梁、低洼地、无屏障平地以及南面有大山阻挡的环境中种植柑橘。

3. 防风林、风障的建设

在柑橘园的迎风口，应建造防风林，以降低风速，减少树体水分损失，减少冻后落叶。防风林的建设应于橘园西、北方边缘栽植1行或数行常绿树木，然后每隔一定距离再栽培1行。可供选择作为防风林的树种有杉树、樟树、苦楮、女贞、丛竹、珊瑚树等，最好能够乔灌配合混栽。防风林的行间宽度，应以所选树种高度为准，一般以树高的10～15倍为宜。

4. 冬季树体保护

（1）树干刷白。

冬季用生石灰水刷白树干，大树可以同时将部分主枝刷白，以减少树干和主枝的温度变化幅度，降低冻害程度，同时也有利于防治病虫害。刷白高度以稍高于地面60厘米为宜。

（2）树干培土。

由于土壤的温度变化较慢，在辐射降温时，可以有效地延缓温度的急剧下降，并保护树干、基部枝梢以及浅表根系不受冻害。在日平均气温降到13℃以下时开始树干培土，高度为30厘米以上，可以根据树干高度适当调节。如果树干过低，可以将主干和一部分枝梢埋于土下。培土时选用松散的细土。在春季日平均气温升到13℃左右时去除培土。

（3）树干绑缚。

如果没有进行培土，可以采用塑料薄膜或者稻草，条件好的可用锡箔纸，将树干紧密绑缚起来。

（4）树冠覆盖。

柑橘苗圃，低温来临之前可以先用稻草、秸秆、杂草等覆盖一层，然后用塑料薄膜将苗木全部覆盖，注意不要留出空隙。白天有太阳时要将两头掀开通气。低温结束之

后要及时掀开薄膜。柑橘幼树可以用草帘围裹树冠。根据寒潮预报，冻前包草或用塑膜覆盖，可以减少冻害，但时间不能太长，大冻以后应立即解包，使枝叶能够进行光合作用，积累养分，也不能全树包裹，以免黄、红蜘蛛为害造成大量落叶。对于成年柑橘树，可以用草帘三角棚覆盖，即在每株柑橘树体之上搭一个三角棚架，将草帘放于三角棚架上，并常将其南侧一面不盖，让阳光能照射入棚。

（5）树冠喷施抑蒸保温剂。

树冠喷施抑蒸保温剂，可减少水分蒸腾损失。

5. 冻前灌水

一般采用冬灌，使土壤蓄积较多热量，减小地温变幅，缓和或减少柑橘树生理失水，从而减轻冻害。冬灌后如能实行全园地面覆盖，则保水防冻效果更好。若不覆盖，在冬灌后可对地表进行浅锄，以疏松表土，切断毛管，防止和减弱水分蒸发。灌水时间最迟应在冻前10天左右，灌水量应根据树体的大小来确定，以灌透为原则。

6. 熏烟和加热

利用浓密烟雾减少地面辐射热散发，同时使烟粒吸收湿气，使水蒸气凝成液体而释放出热量，提高气温。

（1）熏烟和加热的时间。

在气温可能降低到-5℃以下时，在雪后初晴、无风的夜晚，进行柑橘园熏烟和加热。加热时间一般要从半夜开始，持续到第二天上午9时。

（2）熏烟方法。

用秸秆、杂草、木屑之物分层交互堆起，外面盖一层土，中间插上木棒以利点火出烟，发烟堆应分布在果园四周和内部，风的上方烟堆应密些，烟雾快速布满果园。一般每亩堆秸秆等物三四堆，每堆15千克左右。

防霜烟雾剂，即在霜冻降临前用硝酸铵（事先研细）20%～30%，细锯末50%～60%，废柴油10%，细煤粉10%，装在铁筒内点燃（每亩用量2～2.5千克）。稻草加少许柴油，于冻害来临时燃烧2～4小时，使柑橘园笼罩在烟雾中，有效地防止辐射霜冻。

（3）喷水防冻。

1克水变成冰时能够散发出80卡的热量。气温达到冰点以下时，如果不断有水滴附着在植物体上，就会产生大量的热能，有效地防止低温冻害。同时，随着土壤水分增加，提高了土壤热容量和导热性，使土壤的热量从地下传导至近地气层，缓和了地表的降温速度。

7. 摇雪、敲冰、扒雪

在降雪与冰冻期间要及时对柑橘树进行摇雪敲冰，将树冠上的积雪轻轻震落，将树盘、园内积雪尽量扒开至见土，并运出园外，防止辐射降温和融雪伤根，加重冻害。摇雪时要用手或木杈顶住骨干枝向上推摇，不能掰摇，以免劈裂树冠。应于上午10时后气温略高时敲冰。敲冰时应用竹棍由下往上轻敲，不得向下敲打。

（二）柑橘冻后管理技术

1. 修剪技术

（1）修剪原则。

轻度冻害剪除枯叶，中度冻害剪除枯枝，重度冻害剪枝截干。

（2）修剪时间。

当春季连续5天日平均气温达到10～12℃，受冻部位界限明显后及时修剪。

如果受冻部位界限不明显，可以观察皮层，确认受冻部位界限。如果皮层呈黄色或半黄半青甚至变成褐色，表明已冻伤枯死；如果皮层呈青绿色表明是活的，未冻死。

（3）修剪技术。

①对于遭受1级轻微冻害的柑橘树。

枝梢基本没有受到冻害，但叶片受冻，枯而不落。修剪上主要是摘除受冻枯叶，剪除晚秋梢，同时，结合树冠调整和改善光照条件，进行适度疏剪。

②对于遭受2级冻害的柑橘树。

在重点保叶的基础上，可对落叶枝梢进行适度的短截或疏剪，以改善光照条件；对于末级梢或1年生枝的上半部分受冻的，应先从基部剪除受冻枝梢，并在此基础上，根据树冠调整和改善光照来决定进一步修剪的程度。

③对于遭受3级冻害的柑橘树。

若多年生枝梢受冻，应从受冻部位以下1～2厘米处的健康部位剪除，再结合树冠调整和改善光照进行适度回缩更新修剪，但切忌剪成平头刷状。

④对于遭受4级冻害的柑橘树。

进行截干更新或露骨更新。

⑤遭受5级冻害的柑橘树。

地上部已冻死，对于密度大的柑橘园，可挖除受冻树。如果需要保留，一般枳砧嫁接树，根系不易死亡，其萌生根蘖应及时加强管理，保留1～3枝，以备嫁接。

⑥对于受冰雪重压遭受机械损伤的柑橘树。

应根据机械损伤的轻重采取相应的措施：如果断枝或劈裂枝为非主要骨干枝，可从断裂处剪（锯）掉。如果骨干枝折断或劈裂，且无法挽救时，可从折断或开裂处剪（锯）掉后，进行高接。如果劈裂或折断至主枝或主干，严重影响树冠结构的，可从主枝或主干处锯掉，结合品改进行高接换种，或让其自然萌发恢复生长。

⑦剪口芽及其后抽发新梢的处理。

抹芽：抹芽应分次进行。第一次在芽刚刚萌发时，抹去总芽量的1/5～1/4；第二次在秋季进行，一般1个芽眼1个枝，并使枝条均匀分布。

摘心：冻后恢复的枝条抽得很旺，应加以控制促发分枝。对8月以前抽出的枝梢要及时摘心，当新梢长至20～30厘米处时摘心。8月以后不易抽出特别旺的秋梢，不必摘心，防止抽发晚秋梢。

拉枝、环割：7月下旬以后对生长中庸的枝条可进行拉枝，但要避免把大枝拉劈；对于生长过旺的主枝，环割两三圈，可有效促进花芽分化。

（4）剪（锯）口的处理和保护。

修剪后，如果伤口过大，应及时对伤口进行保护性处理，以免伤口感染病害。

①削平剪（锯）口。

②伤口消毒。

用75%酒精或0.1%高锰酸钾对伤口进行消毒。

③涂保护剂。

在伤口涂抹保护剂，并用薄膜包扎。保护剂主要由黏着剂、杀菌剂与生长调节剂等组成，生产上可选择如下任意一种。

"三灵膏"：凡士林500克、多菌灵2.5克和"九二〇"0.05克调匀。

黄油（或凡士林）配入2%托布津（或0.5%的多菌灵）调制。

鲜牛粪（60%～70%）、黄泥（20%～30%）、石灰（5%～10%）、少量毛发及2，4-D液（100毫克/千克）调成糊状。

2. 适时补栽

对冻死树苗的幼龄园应及时补栽。补栽应在2月底至3月中旬完成。补栽的苗木必须是优良品种或同园相同品种。苗木必须是大苗壮苗，至少要达到GB/T9659一级苗木标准。

3. 合理间伐，高接换种

受冻严重的柑橘树，恢复正常结果一般需要两年以上的时间，对管理水平较差、密度较大、冻害较重的成龄园，可以进行合理的适度间伐，借此机会解决果园密度过大的问题。柑橘园密度可控制在50株/亩左右。

如果受冻柑橘园的品种需要更新换代，可以选择名优新品种进行高接换种，调整品种结构。高接换种宜在受冻树树势有所恢复的秋季或次年春季进行。

4. 树干涂白

橘树受冻后易引起大量枯枝落叶，主干、主枝暴露于阳光下，易发生日灼。主干及裸露的大主枝要涂白，以防日灼而造成枝、干裂皮。

涂白剂按生石灰10千克、硫黄粉1千克、食盐0.2千克、水30千克的比例配制。

5. 中耕培土

当气温稳定回升后及时中耕松土。对秋冬季未深耕的橘园，要全园深翻1次，深度在20厘米左右；对已进行过秋冬季深耕的橘园，只需树盘中耕，深度为10厘米左右，以改善土壤通透条件，提高土温，促发新根。对重剪树，为维护树冠和根系生长平衡，应在修剪前进行全园深翻，深翻可结合撒施有机肥进行，并有意识地切断部分根系，有利于根系更新。

6. 冻后水分管理

（1）受冻柑橘园春季应开沟排水。

（2）根据气候环境适当灌水。

柑橘树受冻后如果遭遇春旱，会使树势更加衰弱，特别是丘岗山地橘园更加严重。一旦遇到春旱要适当灌水，灌水以浇透为宜。秋季高温，如较长时间未下雨，应隔7～10天灌水1次，并结合树盘覆盖等防旱保墒措施。

7. 冻后施肥

柑橘树体遭受冻害后，会导致大量落叶，在施肥上要掌握早施、勤施、薄施原则，切忌施肥过重、过浓以防伤根。2～3月应以速效氮肥为主，施用不少于3次。10年生左右柑橘树，每株每次施用尿素不少于0.1千克，在树盘周围开沟施入。未落叶的受冻树由于冻害叶绿素会减少，抽发的新梢叶小而薄，光合作用差，应及时进行叶面施肥，以提高叶的质量和光合功能。叶面喷肥可多次进行，间隔时间以15～20天为宜，一般喷施0.3%尿素加0.2%磷酸二氢钾。

8. 冻后花果管理

枝梢受冻较轻而大量落叶的植株，常出现花量过多，削弱树势的情况。为了确保树体的迅速恢复和适量结果，可于现蕾期进行花前复剪，疏剪部分结果母枝及坐果率低的花枝，以利于减少树体养分消耗。

9. 冻后病虫害防治

柑橘冻后，树势衰弱，伤口多，修剪后抽发新梢多，幼嫩组织多，容易诱发病虫害的发生，特别是疮痂病、树脂病、炭疽病，蚜虫和潜叶蛾容易在当年爆发。

（1）认真做好伤口的保护工作。

（2）树脂病防治。

4～5月和8～9月是树脂病发生的高峰期，要连续喷施托布津和多菌灵等杀菌剂两三次。如果发现主干、主枝发生树脂病，应用刀刮去病组织，并涂上1:1:10（硫酸铜:生石灰:水）波尔多液或其他杀菌剂。

六、柑橘加工技术

（一）果汁

柑橘汁占整个柑橘加工产品的90%左右，橙汁产量居首，其次是葡萄柚汁，宽皮柑橘汁和柠檬汁。按照加工方式的不同，柑橘汁主要有冷冻浓缩汁（浆）（Frozen concentrated orange juice，FCOJ）、浓缩还原汁（浆）（Refrigerated orange juice from concentrated，RFC）和非冷冻浓缩汁（浆）（Not from concentrate，NFC）3种。

冷冻浓缩汁（浆）及非冷冻浓缩汁（浆）的生产工艺流程如图6-1所示。浓缩还原汁（浆）是以冷冻浓缩汁（浆）为原料进行稀释和调配后得到的产品。

1. 原料清洗、拣选与分级

清洗的方法主要有以下几种。

（1）浸洗法。

一般在水槽中进行。柑橘浸泡一段时间后，表面黏附的污染物松离而浮于水中，再通过换水而排出。为了加强浸洗效率，水中可加入脂肪酸系的洗涤剂或二氧化氯，在常温下浸泡一段时间，然后用清水洗净。

（2）喷淋法。

喷淋一般在浸泡后进行。典型的喷淋方法是在提升机或输送带上安装一定数量的喷头，当输送带上的物料通过时，喷头在物料的上方向物料喷淋（若采用网眼式输送带可以上、下装喷头，从上、下对物料进行喷淋），使已经浸泡松脱的污染物与物料分离。喷淋清洗的效率与水的压力、喷头与物料的距离、用水量有很大的关系，一般小水量高压效果比大水量低压效果好。

（3）刷洗法。

利用毛刷对果蔬表面的泥沙污物进行清洗。常用的设备有刷果机，采用浸洗、刷洗、喷淋组合使用的洗果机以及在滚筒清洗机中加上毛刷来加强清洗效果的清洗机械设备。

柑橘的清洗常采用先浸洗再喷淋，结合刷洗的方式进行。柑橘原料的装卸、清洗、输送及拣选流程如图6-2所示。

浸洗一般在室外的水槽中进行，可将枝叶、泥土等杂质去除，如图6-3，然后通过提升机输送至室内进行喷淋和刷洗，洗涤时可加入0.2%的脂肪酸系洗涤剂，然后，再用清水洗净，如图6-4。生产冷冻浓缩汁时应用含氯20～25毫克/千克的水喷洗消毒。如果

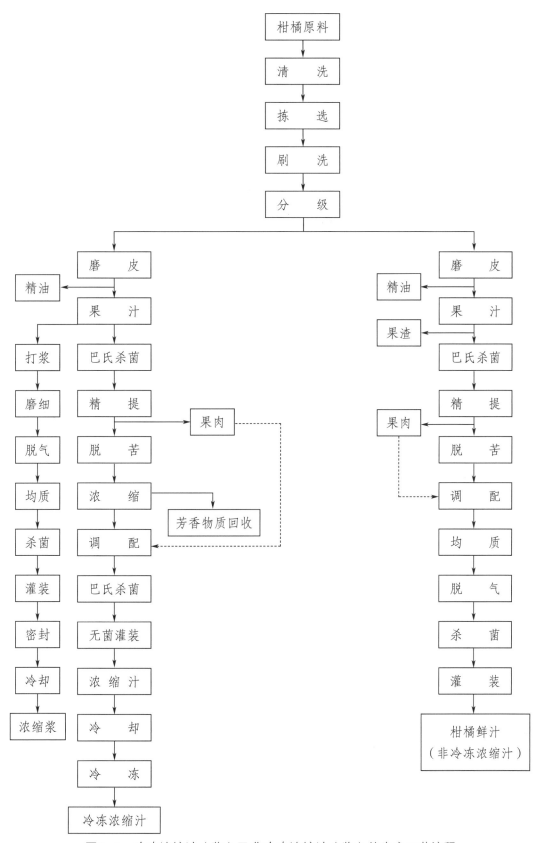

图6-1　冷冻浓缩汁（浆）及非冷冻浓缩汁（浆）的生产工艺流程

1—运输车

2—浸洗槽

3—斗式提升机

4—分级台

5—隔板

6—贮藏库

7—传送带

8—加工

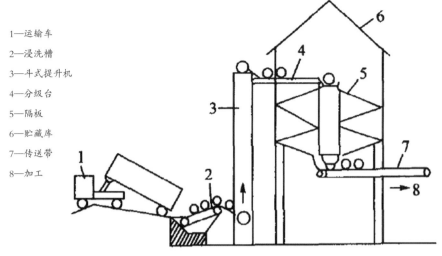

图6-2　柑橘原料的清洗及输送系统示意图

（资料来源：叶兴乾。柑橘加工与综合利用，2005）

图6-3　柑橘浸洗

（资料来源：湖北望春花果汁有限公司）

图6-4　柑橘喷淋和刷洗

（资料来源：湖北望春花果汁有限公司）

图6-5　柑橘拣选作业

（资料来源：湖北望春花果汁有限公司）

图6-6　柑橘滚筒式分级机械

宽皮柑橘剥皮榨汁，在榨汁前先行漂烫的，那么洗涤水含氯量可以稍少一些，但是连续作业时，需要及时更换漂烫用水。

清洗之后，接着进行柑橘原料的拣选作业。拣选的目的是挑选出腐败的，以及破碎和未成熟的柑橘或混在原料中的树枝、树叶、石块等异物。即使腐败原料或未成熟原料的数量很少，也会使柑橘原汁的质量下降，因此拣选作业也相当重要。柑橘拣选作业采用手工方式进行，每隔一定距离站立一名操作工人，如图6-5，拣除不合格的原料或异物，或除去果实中的不合格部分。

清洗完后，应根据榨汁机的类型，进行果实的分级，一般采用机械作业，有按体积分级和重量分级两种方法，以按体积分级更为普遍。体积分级机器有分级筛和滚筒带两种，图6-6为常用的柑橘滚筒式分级机械。如选用FMC全果榨汁机榨汁，需要先按大小分级，再分送相应配比的榨汁机；若选用轧辊式榨汁机、螺旋榨汁机等，则不需要按大小分级，但榨汁前需进行磨皮或者剥去果皮，以防止果皮

精油进入果汁，影响果汁质量。

2. 磨皮

磨皮是柑橘在榨汁之前进行的一道工序，是通过带有锉刀的螺旋输送装置将柑橘果皮磨破，其目的是将果皮中的油胞刺破，再由物料上方的喷头喷水淋洗，将果皮中的精油洗出，以防止精油进入果汁中影响果汁品质，如图6-7。得到的精油水可进一步通过离心分离的方法生产精油。

图6-7　柑橘磨皮作业
（资料来源：湖北望春花果汁有限公司）

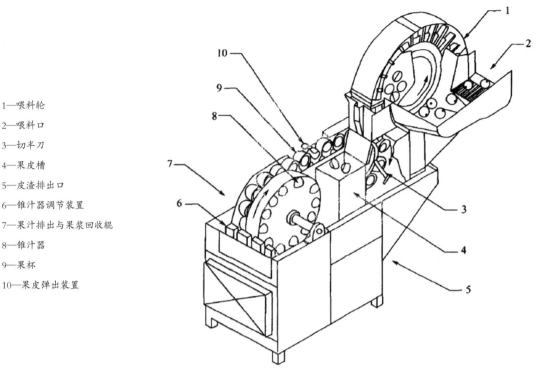

1—喂料轮

2—喂料口

3—切半刀

4—果皮槽

5—皮渣排出口

6—锥汁器调节装置

7—果汁排出与果浆回收辊

8—锥汁器

9—果杯

10—果皮弹出装置

图6-8　布朗720型榨汁机示意图

（资料来源：叶兴乾。柑橘加工与综合利用，2005）

3. 榨汁

（1）布朗榨汁机。

布朗榨汁机为美国布朗公司生产。该机具有多个榨汁器，每个榨汁器由上、下两部分组成，如图6-8。上部为一个合成橡胶杯，下部为一个刻有纵纹锥形的取汁器，固定在一个同步携带器上，在一倾斜面上回转。果实进入后先一切为二，如图6-9，送至机器对面。橡胶杯将半果捡拾起来，并平放在锥形榨汁器上，然后半只果在锥体的挤压下压出果汁，果汁收集后送往过滤机组，果皮则通过废料传送带排出机外。该机榨出的果汁含有的粗成分较多，适用于甜橙、葡萄柚等果皮耐压而不易分离的柑橘品种，不适用于温州蜜柑等果皮易破碎的柑橘品种。

（2）FMC榨汁机。

这个是由美国FMC公司发明的整果榨汁机。这种榨汁机利用瞬时分离原理，把柑橘汁与橘皮等残渣尽快分开，防止橘皮及籽粒中所含有的苦味成分等混入果汁，损害柑橘汁的香味，并且在储藏期间还将引起果汁变质和褐变，最终影响产品的质量。其结构如图6-10所示。

榨汁机具有数个榨汁器，每个榨汁器由上、下两个多指形压杯组成。固定在共用横杆上的上杯，靠凸轮驱动，可做上下运动。下杯则是固定不动的。上、下两杯在压榨过程中，各自的指形条相互啮合，托护住柑橘的外部以防破裂。上杯顶部有管形刀口的上切割器，可将柑橘顶部开孔，以使橘皮和果实内部组分分离。下杯底部有管形刀口的下切割器，可将柑橘底部开孔，使柑橘的全部果汁和其他内部组分进入下部的预过滤管。压榨过程：柑橘送入榨汁机，落入下压杯

 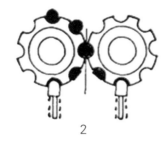 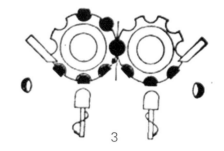

图6-9　切半锥汁过程示意图

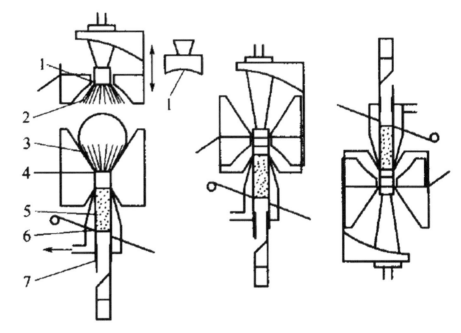

1—上切割器

2—多指形上压杯

3—多指形下压杯

4—下切割器

5—预过滤管

6—果汁收集器

7—通孔管

图6-10　FMC榨汁机结构图

（资料来源：仇农学。现代果汁加工技术与设备，2006）

内，上压杯压降下来。柑橘顶部和底部分别
被切割器切出小洞。在榨汁过程中，柑橘所
受的压力不断增加，从而将内部组分从柑橘
底部小洞强行挤入下部的预过滤管内。果皮
从上杯及切割器之间排出。预过滤管内部的
通孔管向上移动，对预过滤管中的组分施加
压力，迫使果肉中的果汁通过预过滤管壁上
的众多小孔进入果汁收集器。与此同时，那
些大于过滤管壁上小孔的颗粒，如籽粒、橘
络及残渣自通孔管下口排出。通孔管上升到
极限位置时，榨汁的一个周期即完成。改变
预过滤管壁上的孔径和通孔管在预过滤管内

上升的高度，均能改变果汁的产量和类型。
由于两杯指形条的啮合，被挤出的果皮精油
顺着环绕榨汁杯的倾斜板上流出机外。

　　由于温州蜜柑的果皮柔软，在上盖筒和
下托盘间压缩时，果汁会往外泄露，因此榨
汁得率低。

　　（3）螺旋压榨机。

　　螺旋压榨机主要用于宽皮柑橘榨汁。
柑橘鲜果清洗后，经过90～95℃烫漂软化
果皮，在连续式去皮机中去皮，然后手工拣
净，通过一个螺旋压榨出果汁，其筛孔为1.5
毫米大小。这种机械应用很广，也同样适合

于其他水果，但不适用于甜橙、葡萄柚、柠檬等不易剥皮的柑橘品种。

（4）安德逊榨汁机。

安德逊榨汁机在日本又被称为柑橘磨，如图6-11。柑橘自进料口进入，经回转刀切半，然后经一对榨汁盘压榨，压力由榨汁盘狭口到挡板的距离来调节。榨汁盘成"伞形"，通过调整倾斜角，能适应不同大小的果实。果汁由挡板上的筛孔流出，果皮则从另一端排出。该机适合于温州蜜柑类宽皮柑橘的榨汁作业，其果汁品质可与FMC榨汁机相同，香味优于螺旋榨汁机，色泽也较好。

4. 精提

果实经榨汁后，果汁中会残留有果皮碎片、囊衣碎块及种子等杂物，不同榨汁方式所含的夹杂物也不同。粗大的悬浮物主要来自周围组织或果汁细胞本身的细胞壁。果汁中的夹杂物不仅影响果汁的外观和风味，还会使果汁很快发生变质。

（1）粗滤。

粗滤一般采用0.5～1.5毫米筛孔的筛滤机进行作业，主要有振动筛、回转筛、圆筒筛等，因此也被称为筛滤，如图6-12。该机工作原理是由内部的螺旋产生压力，将产品压向周围的筛孔中，果汁由筛孔排出，多余的果浆则由另一端排出。粗滤可在榨汁过程中进行，也可单机操作，还可以使用刮板打浆机。目前，大多数榨汁机均附有果汁粗滤设备，榨出的果汁经粗滤后立即排出果渣及种子，因此一般无需另设粗滤机。

根据生产需要，混浊果汁只需除去分散在果汁中的粗大颗粒或悬浮物，因此一般只进行粗滤操作，而对于澄清汁，粗滤之后还需进行精滤，或先进行澄清后再过滤，以除去全部悬浮颗粒。

（2）澄清。

澄清汁制品要求澄清透明、比较稳定，在果汁贮存过程中尽量防止分层、絮凝、沉淀现象的发生。因此，澄清汁生产

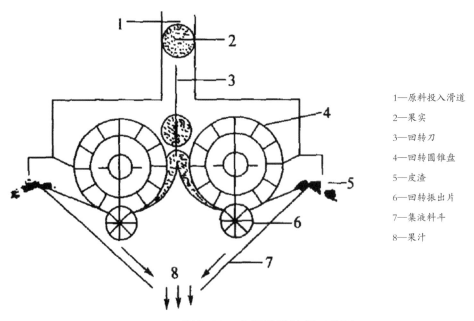

1—原料投入滑道

2—果实

3—回转刀

4—回转圆锥盘

5—皮渣

6—回转振出片

7—集液料斗

8—果汁

图6-11　安德逊榨汁机示意图
（资料来源：叶兴乾。柑橘加工与综合利用，2005）

图6-12 振动筛
（资料来源：湖北望春花果汁有限公司）

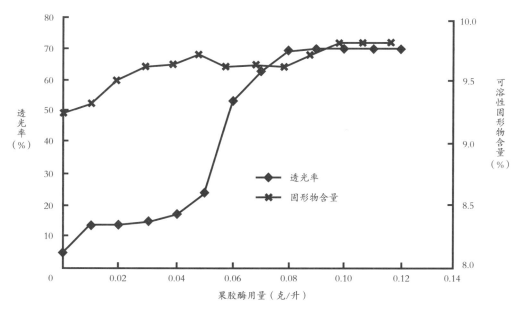

图6-13 果胶酶用量与柑橘汁透光率、可溶性固形物含量的关系
（资料来源：何平等。化学与生物工程，2006）

时，不仅需要通过粗滤去除果块、种子等较大的杂物，还需通过澄清作业去除纤维素、半纤维素、果胶、蛋白质等易引起混浊的物质。

按照澄清作用的机理，果汁澄清的方法可分为以下5种。

①自然澄清法。

破碎压榨出的果汁置于密闭容器中，经长时间放置，使悬浮物质依靠重力自然沉降；使果胶物质逐渐水解而沉淀；蛋白质和单宁也逐渐形成不溶性的沉淀。但果汁经长时间静置，易发酵变质，因此需加入适当的防腐剂，此法仅限于亚硫酸半成品保存的果汁生产上使用。

②酶澄清法。

果汁中的胶体系统主要由果胶、淀粉、蛋白质等大分子形成的，添加果胶酶和淀粉酶分解大分子果胶和淀粉，破坏果胶和淀粉在果汁中形成的稳定体系，悬浮物质随着稳定体系的破坏而沉淀，使果汁得以澄清。生产中常使用复合酶，这种酶具有果胶酶、淀粉酶和蛋白酶等多种活性酶，能够有效水解引起果汁混浊的大分子物质。图6-13是果胶酶用量与柑橘汁透光率、可溶性固形物含量的关系，由图可知，果汁的透光率随着果胶酶的用量增加而增大。

③澄清剂法。

澄清剂与果蔬汁的某些成分产生物理或化学反应，使果汁中的浑浊物质形成络合物生成絮凝和沉淀。果汁中的果胶、单宁、纤维素等胶体粒子带负电荷，在酸性介质中，明胶带正电荷，明胶分子与果汁中的胶体粒子发生电性中和，破坏果汁的稳定胶体体系，相互吸引并凝聚沉淀。常用的澄清剂包括明胶、硅胶、单宁、膨润土、交联聚乙烯

基吡咯烷酮（PVPP）等。澄清剂还可与酶组合使用，澄清效果更好。

④冷热处理澄清法。

通过冷冻或加热处理使果汁中的胶体物质变性，絮凝沉淀。

冷冻澄清：将果汁急速冷冻，使果汁中的胶体浓缩脱水，改变胶体的性质。一部分胶体溶液完全或部分被破坏而变成不定型的沉淀，在解冻后过滤除去；另一部分保持胶体性质的可用其他方法去除。

加热澄清：一般是在1～2分钟内，将果汁加热到80～82℃，然后以同样短的时间迅速冷却至室温，使蛋白质、果胶等变形和凝聚，并静置沉淀。其优点主要是能在果汁进行巴氏杀菌的同时进行加热。

⑤超滤澄清法。

超滤实际上是一种机械分离的方法，利用超滤膜的选择性筛分，在压力驱动下把溶液中的微粒、悬浮物质、胶体和大分子与溶剂和小分子分开。其特点是无相变，挥发性香气物质损失少，在密闭管道中进行不受氧气的影响，能实现自动化生产。超滤用于果蔬汁澄清的研究始于20世纪70年代初期，现已用于柑橘汁的澄清。

目前在澄清汁生产中主要是采用酶澄清和超滤结合的复合澄清法，其他澄清方法都是一些辅助性方法，为了提高澄清效果需要结合使用。

5. 调配

柑橘汁的调配根据柑橘产品类型及要求不同而不同。对于冷冻浓缩汁，主要是添加芳香物质回收液；对于浓缩还原汁，主要是添加浓缩过程中损失的水分，并进行糖酸和色泽的调整；对于非冷冻浓缩汁，则主要是

进行香气、糖酸及色泽的调整。除此之外，柑橘汁的调配还包括不同品种柑橘汁的调和，以取长补短，制成品质更优良的复合果汁。

调配的目的是为了提高柑橘汁产品的风味、色泽、口感等品质，并实现产品的标准化，使不同批次的产品质量保持一致性。

（1）糖酸的调整。

糖酸比是指果汁中总糖量（可溶性固形物）与总酸含量的比。糖酸比是影响果汁口味的重要指标。各国、各个地区对柑橘汁糖酸比的要求各不相同。日本农林省食品研究所对温州蜜柑天然果汁的嗜好所做的调查认为，最佳的糖酸比为12.5，美国则为13.5，实际生产多为13.0～17.0。

调整糖酸的方法主要是在果汁中加入适量的砂糖和食用酸（柠檬酸、苹果酸等）等，或者采用不同品种果汁原料混合调配的方法。

（2）不同品种果汁的调和。

不同品种的柑橘汁风味、营养不一样，不同品种柑橘汁的相互调和，可以有效弥补单一品种柑橘汁口感单一的缺陷，增强品种间的特性互补。用于柑橘汁混合原料调和的果汁有温州蜜柑汁、夏橙汁、香橙汁、葡萄柚汁及柠檬汁等。

6. 均质

均质的作用主要是将果汁中的悬浮粒子进一步破碎，促进果胶的渗出，使其均匀而稳定地分散于果汁中，以提高产品的均匀度和稳定性。均质操作是通过高压均质机和胶体磨来实现的，其中高压均质机用得更为广泛，如图6-14。

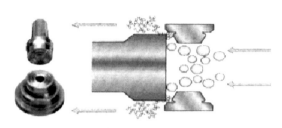

图6-14　均质阀和均质的工作原理

7. 脱油与脱气

（1）脱油。

柑橘榨汁过程中，会有少量的橘皮精油混入果汁中，不同榨汁方式生产的果汁中所含的橘皮精油含量也不同。过量的橘皮精油混入果汁会使果汁产生异味，脱油工序是防止果汁变味的有效方法。以前主要通过选用合适的榨汁机和调整榨汁机来控制，或先把果实热烫使果皮软化后，再进行榨汁。现在主要通过使用小型真空浓缩蒸发器来进行脱油，果汁喷入到真空度只有90～93千帕的脱油器中，并加热到51℃，多余的橘皮精油被蒸发，随蒸汽而被冷凝，此时果汁中有3%～6%的水分被蒸发掉。冷凝液通过离心机分离出橘皮精油，留在下层的水回到果汁中。果汁中的精油含量宜保持在0.025%～0.15%。美国A级橙汁精油含量规定在0.035%（体积分数）以下。

（2）脱气。

脱气是指将柑橘组织含有的及其在榨汁、均质、调配等加工过程中溶入的空气脱除的过程，也被称为脱氧。脱气的目的主要是防止维生素C的氧化，防止色泽和风味的变换，防止好气性微生物的生长繁殖，防止果浆及其他悬浮物的上浮，避免杀菌和充填时起泡，防止马口铁罐内壁腐蚀。但脱气会造成挥发性物质的损失。

脱气的方法有真空脱气、气体置换脱气、加热脱气、酶法脱气和添加抗氧化剂脱

图6-15 真空脱气机

气等。生产中基本采用真空脱气，通过真空泵创造一定的真空条件使柑橘汁在脱气机中以雾状形式喷出，脱除氧气。

真空脱气一般在脱气机中进行，如图6-15所示。真空脱气时，会造成2%～5%的水分和少量挥发性成分的损失，必要时可回收，再加入果汁中。在进行真空脱油时可同时进行脱气操作，在同一设备中进行。

8. 杀菌

果汁杀菌的目的是杀死果汁中的致病菌及腐败菌，并破坏果汁中的酶，使果汁在储藏期内不变质。但是热力杀菌时还需注意尽可能保存果汁的品质和营养价值，最好还能做到改善果汁品质。柑橘汁的杀菌可在灌装前进行，也可在灌装封口后进行，需根据柑橘汁产品类型和包装形式而定。

热杀菌是目前柑橘汁杀菌的主要方式，根据杀菌温度不同，可以分为巴氏杀菌（Pasteurization）、高温短时杀菌（High Temperature Short Time sterilization）和超高温瞬时杀菌（Ultra High Temperature sterilization，UHT）3种。巴氏杀菌是应用较早的一种方法，杀菌温度低于100℃，杀菌时间较长，一般为数分钟或数十分钟。高温短时杀菌是指杀菌温度在100~130℃，杀菌时间在数秒至数分钟的杀菌方法。超高温瞬时杀菌是指杀菌温度为130~150℃，杀菌时间为数秒钟的杀菌方法。超高温瞬时杀菌使柑橘汁经受的加热时间很短，果汁的营养成分损失及色、香、味变化少。

9. 灌装

柑橘汁的灌装方法有热灌装、冷灌装和无菌灌装等。热灌装是将果汁加热杀菌后立即灌装到清洗灭菌过的容器内，封口后将瓶子倒置数分钟，对瓶盖进行杀菌，然后迅速冷却至室温。灌装容器一般采用金属罐、玻璃瓶或PET塑料瓶等，其中玻璃瓶须先预热。在常温下流通销售，产品不会变质败坏，可贮藏1年以上。

冷灌装是指果汁经过加热杀菌后，迅速冷却至5℃以下灌装、密封，包装容器一般采用PET塑料瓶。在灌装前包装容器需经过清洗消毒。在低温下流通销售，需要冷链运输和储藏。

无菌灌装是指果汁经过加热杀菌后，立即冷却至30℃以下，包装材料经过过氧化氢或热蒸汽杀菌后，在无菌环境条件下灌装。无菌灌装需满足果汁无菌、包装材料无菌和包装环境无菌3个无菌条件。

对于一些加热容易产生异味的柑橘浓缩汁，或为了更好地保存柑橘浓缩汁的品质，浓缩后采用冷灌装进行冷冻贮藏。如冷冻浓缩汁，可以装在塑料桶或内衬聚乙烯袋的铁桶中或冷冻罐车和运输船中。而热灌装主要使用18升马口铁罐，适用于浓缩汁，可以在常温下贮藏运输；无菌灌装主要采用220千克无菌大袋，主要有休利袋（Scholle）、爱尔珀袋（Elpo）等，以箱中袋或桶中袋的形式运输，可以在常温下运输。由于浓缩汁各种成分浓度较高，化学反应速度较快，容易发生非酶褐变，所以最好冷藏。

（二）橘瓣罐头

1. 工艺流程

目前，我国大部分的橘瓣罐头加工厂仍在采用传统的工艺加工橘瓣罐头，其加工工艺如下。

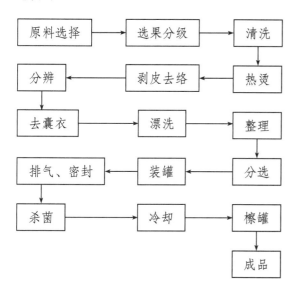

2. 工艺要点

（1）原料选择。

罐头加工应选择肉质致密、色泽鲜艳美观、香味良好、糖分含量高、糖酸比适度、加工后具有良好的脆度、含橙皮苷低的蜜橘果实。果实呈扁圆形，无核，果皮薄，橘瓣大小一致，无损伤果，无病虫害果。进厂的原料先应剔除腐烂、病虫为害严重的果，去除僵果、过小果及过大果。

（2）选果分级。

按果实横径大小进行分级，一级为45～55毫米，二级为55～65毫米，三级为65～75毫米或75毫米以上。

（3）清洗。

分级完毕，果实应在水槽中洗净表面尘污、烟煤污染，最好还放入0.1%高锰酸钾或600毫克/千克漂白粉溶液中浸渍3～5分钟，以减少表面微生物污染。

（4）热烫。

将柑橘果实用热水进行短时间烫漂，使外皮和橘瓣分离，易于剥皮。热水温度为95～100℃，烫漂时间为1分钟左右。当水温较高时，烫漂时间可短一些；当热水温度一定时，果大皮厚和成熟度低的果实烫漂时间可略长一些。

（5）剥皮去络。

经烫漂的果实应趁热剥皮，要求去净白皮层和橘络，但尽量少伤害果肉汁胞。去皮有手工去皮和机械去皮两种。目前，我国大都采用手工去皮，剥时应先从橘子果梗部用竹刮刀类似的器具剥开皮后，再用大拇指的横面进行剥皮，注意不要碰伤果肉。切勿用指甲剥皮，防止产生碎片。机械去皮常用去皮机进行，去皮机的最基本原理是将果实先撕开一个口子，然后在两个反向旋转的带齿去皮辊上反向旋转，从而使果皮撕下。日本机械去皮的1次去皮率为70%～85%，是手工作业的2～3倍。橘皮可用作橘皮酱和陈皮等产品。

（6）分瓣。

将去皮后的橘果采用人工方法去掉橘络，然后进行分瓣，并将橘瓣按规格分级。为了使分瓣容易，且避免分瓣时橘片破碎，日本有些厂家在剥皮后进行吹风处理，在长约15米的风道内，以一定的风速进行处理，使最后质量减轻1%～1.5%。吹风或未经吹风的去皮橘肉逐瓣分开，分开的橘瓣应浸于水中，避免堆积挤伤压破。

分瓣同样有手工和机械两种。手工分瓣时双手要保持干燥，用大拇指的横面分瓣，不得用手指尖，分瓣后的橘瓣要小心轻拿，尽量少挤压橘瓣，分瓣同时剔除黑斑、虫害等不良橘瓣，同时要防止联瓣。机械分瓣由分瓣机是完成，常见的分瓣机是利用高压水（50帕）使果肉产生摩擦完成，其主要由分瓣部分、选别机和检查输送带组成。

（7）去囊衣和漂洗。

去囊衣有两种方法。一种是化学处理法，用酸碱依次处理，优点是处理时间短、生产量大、成本较低；缺点是若掌握不当，特别是碱处理，容易损伤果肉，造成感官质量下降、营养和产率损失。此外，耗水量大，造成的水污染较大。另一种是酶法，即用果胶酶、纤维素酶等溶去囊衣。这种方法操作简单，对果肉及营养成分保护较好，耗水量低，基本无水污染。但是，目前我国的酶制剂生产尚难满足橘瓣罐头工业化生产的需求，经济可行性还需进一步研究。

酸碱去囊衣的具体做法为：将橘瓣按一定比例投入到一定浓度的盐酸溶液中，在一定温度下浸泡一定时间，然后用清水漂洗，尽量洗除盐酸，再将囊瓣按照一定比例投入一定浓度的氢氧化钠溶液中，在一定温度下浸泡一定时间后，立即用清水洗净碱液，到手摸囊瓣无滑腻感为止。

检验去囊衣的标准是：囊衣全部脱去，无包角，汁胞不松散，囊瓣表面不起毛，组织不软烂。检验半去囊衣的标准是：囊背部外层囊衣基本脱去，不软烂，不开裂，较化渣。在进行碱液处理时，若加入一些螯合剂如乙二胺四乙酸（加入量0.04%左右）或缓冲剂如聚磷酸盐等，可以缓和碱液对于果肉的腐蚀作用，同时也可加强碱液处理效果。

（8）整理。

用变形剪刀剪去囊瓣上附着的果实中心柱及部分囊瓣壁，并去掉果核。

（9）分选。

除去畸形瓣、软烂瓣和缺角瓣。要求片形整齐，同一罐中片形大小和色泽基本均匀一致。如图6-14。

（10）装罐、加糖液。

去囊衣后经清洗的橘瓣首先经适当的整理和分级，全去囊衣橘片破碎1/4者即视为碎片，然后按不同大小分开装罐，以使同一罐中的橘瓣大小均匀一致，每100克中20片以内为L级；21～35片为M级；36～50片为S级。出口罐头中312克净含量内橘片数量不少于25片。

装罐时应先在空罐内注满水，放入橘片后，再沥水称重，如图6-15，这样可避免损伤橘片。为了降低碎屑，第一次沥水后应再次复水称重。糖水橘片的装量按照国家规定为不少于净含量的55%。有的品种果实酸度太低，可加入少量柠檬酸，使成品糖液的酸含量为0.3%～0.5%，pH值低于3.7。

由于囊衣含有橙皮苷、果胶和少量蛋白

图6-14　分选

（资料来源：建德新安江绿帆达食品有限公司）

图6-15　装罐

（资料来源：湖南熙可食品股份有限公司）

质、脂类等，容易造成罐头糖水浑浊，或囊瓣上呈现白斑而影响感官质量。防止这种现象出现的方法有：去囊衣后把碱液洗净，以防止其将果肉中的橙皮苷溶出而产生沉淀；在糖液中加入适量羧甲基纤维素等；用橙皮苷酶处理脱去囊衣的砂囊，分解除去橙皮苷等。

（11）排气、密封。

加热排气时，全去囊衣罐头要求密封前罐头中心温度不低于60℃，半去囊衣罐头不低于70～80℃。真空密封时全去囊衣掌握真空度0.04～0.05兆帕，半去瓣衣在0.05兆帕左右，大型罐常需将热排气和真空封罐结合一起使用。另外，要求密封之后与杀菌之间的间隔短，最长不得超过20分钟。

（12）杀菌。

不同罐型的罐头杀菌条件不一样，一般采用沸水杀菌，如在100℃沸水中煮10分钟，然后保持恒温5分钟。玻璃罐放入杀菌水时，罐头与杀菌水的温差不能大于30℃，否则会出现玻璃瓶破裂的现象。

（13）冷却。

迅速冷却到35℃以下。同样，加入冷却水时，玻璃罐与冷却水的温差不能大于30℃，否则会导致玻璃瓶炸裂。

（14）擦罐、贴标。

擦干罐身水分，在20℃的库房中存放一周，经检验合格后，贴上商标，即可入库贮藏或出厂销售。

图6-16为湖南熙可食品股份有限公司橘瓣罐头生产车间。

传统的橘瓣罐头产品主要包括：糖水橘瓣、汁胞罐头、汁胞饮料、什锦水果罐头以及糖水金柑罐头。这些产品均以铁罐或玻璃罐包装，但是无论铁罐还是玻璃罐，开启都困难。易开罐尽管易开，但是罐盖成本高，工艺和材料要求严。此外，玻璃罐易碎和太重，贮运成本高，铁罐易锈蚀，且这两种罐都不易做成小罐。针对这两种容器的缺点，目前开发出一种由高阻隔乙烯-乙烯醇共聚物和聚丙烯等多层材料复合成的塑料容器。40Z型塑料杯的氧气透过率只有0.0022毫升/（杯·天），几乎不透气。用这种材料做容器生产的罐头具有美观、易于开启、容器可大可小、食用方便、贮运销成本低等优点，很受消费者喜爱。

图6-16　橘瓣罐头生产车间
（资料来源：湖南熙可食品股份有限公司）

（三）其他制品

1.柑橘汁饮料

根据GB10789-2007《饮料通则》规定，果汁饮料是指在果汁（浆）或浓缩果汁（浆）中加入水、食糖和（或）甜味剂、酸味剂等调制而成的饮料，可加入柑橘类的囊胞（或其他水果经切细的果肉）等果粒，果汁含量须≥10%（质量分数）。柑橘汁饮料是指以柑橘浓缩汁或柑橘鲜汁为原料，经加工制成的柑橘汁含量不低于10%的饮料。

（1）工艺流程。

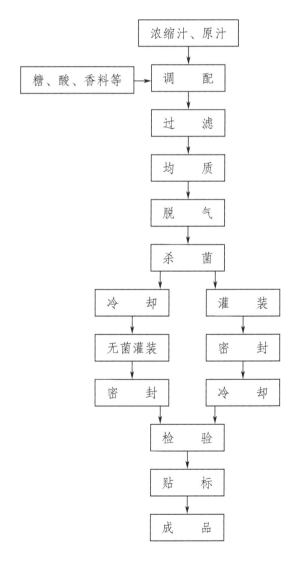

（2）工艺要点。

①原料。

柑橘汁饮料的原料多采用柑橘浓缩汁。采用经杀菌且常温贮藏的浓缩汁为原料时，开罐后即可使用；采用冷冻浓缩汁为原料时，则需进行自然解冻或用解冻器强制解冻。

②调配。

调配是柑橘汁饮料生产的关键环节，决定了饮料的风味和口感，应根据市场要求和产品类型进行相对应的调配。调配是通过添加食糖、甜味剂、酸味剂、香精、乳化剂、增稠剂等而获得风味优良、口感合适、稳定性好的柑橘汁饮料。

柑橘汁饮料中添加囊胞可生产柑橘粒粒橙饮料，为了使囊胞悬浮于饮料中，应添加稳定剂。下面为柑橘粒粒橙饮料的基本配方：柑橘汁10%、蔗糖12%、柠檬酸0.2%～0.5%、琼脂或其他稳定剂1.5%～1.6%、囊胞10%～15%、柠檬黄少许。

与其他果汁混合，则可生产复合果汁饮料，GB10789-2007规定复合果汁饮料中果汁总含量须不低于10%。几乎所有的柑橘类果实均适合加工成复合果汁饮料。

柑橘汁饮料的均质、脱气、杀菌、灌装等工艺参阅本章第一节。

2.果脯

（1）工艺流程。

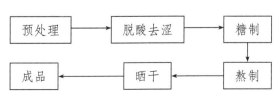

（2）工艺要点。

①原料。

基本所有品种的柑橘都可以制作果脯，但考虑到充分利用原料，多采用不适合销售或食用的柑橘品种。这些柑橘果实苦、酸、涩，但是加工成果脯后，别有风味，不但容易销售，而且价格倍增。

②预处理。

取原料果实，用刀纵切3～4厘米深达髓部，但不切断。去除种子。

③脱酸去涩。

按照原料50千克∶石灰500克∶明矾100克，配制成溶液浸泡，水面高出果实2厘米。取100克石灰撒于表面，果实浸泡24小时后取出，漂洗干净。

④糖制。

将漂洗干净并沥干的果坯倒入沸水中烫2～3分钟，取出，放在清水中漂洗30～35分钟，沥干，进行糖渍，按50千克果坯∶20千克蔗糖的比例，先取40%的糖量，将果坯放在缸内分层均匀撒糖，要求上、中、下层用糖比例为5∶3∶2。浸渍12小时后，沥去糖液，再加入白糖，使白糖的浓度达到60%。

⑤熬制。

先将果坯投于60%糖液中熬煮10分钟，然后将剩下的糖分3次加入，每次间隔13分上。煮时不断搅拌，捞去泡沫杂质。当温度升至110℃时，结束熬煮。捞出果坯，冷却，装入缸内静置五六天，取出晒干或阴干即为成品。

3. 果酱。

（1）工艺流程。

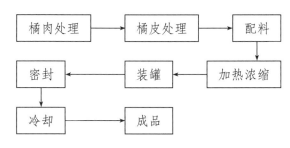

（2）工艺要点。

①原料。

要求原料含酸量高，芳香味浓，且较成熟。剔除腐烂和风味差的果实。也可以采用部分生产糖水桔子罐头时选出的新鲜碎橘肉。

②粉碎、过筛。

原料需要经过洗涤、热烫、剥皮、分瓣、去核等过程，其加工工艺同糖水橘片罐头。将橘肉用孔径为2～3毫米的绞肉机绞碎，或用打浆机打浆。

③橘皮处理。

选用新鲜、无斑点的橘皮，投入浓度为10%的盐水中煮沸两次，每次30～45分钟，再用清水漂洗10小时左右。漂洗期间每间隔两小时换水1次。漂洗后取出，脱去部分水分，用孔径为2～3毫米的绞板绞肉机连续绞两次。

④配料。

绞碎橘肉50千克，绞碎橘皮6千克，砂糖44千克。将橘皮和橘肉充分混合，再以孔径为2～3毫米的绞板绞肉机反复绞两三次。

⑤加热浓缩。

采用夹层锅浓缩。橘肉预先加热浓缩25分钟，再分两次加糖液。每锅浓缩时间不超过50分钟，至可溶性固形物达到66%～67%时即可出锅装罐。

⑥装罐。

将果酱趁热装入经过消毒的玻璃瓶内。

⑦密封。

密封时橘酱温度不低于80℃，旋紧瓶盖。在卫生条件较好的情况下，只需倒罐2～3分钟进行罐盖消毒即可。

⑧冷却。

用温水和冷水分段冷却。每次冷却时，冷却水与瓶子的温差不能大于30℃，否则容易引起瓶子破裂。

4. 橘皮精油

（1）工艺流程。

冷磨法工艺流程。

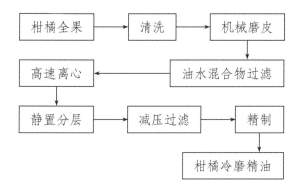

冷榨法工艺流程。

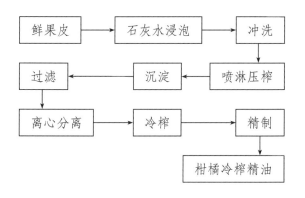

蒸馏法工艺流程。

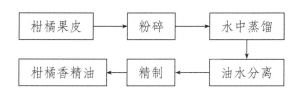

（2）工艺要点。

①原料。

所有的柑橘品种均能用于橘皮精油的生产，不同品种柑橘橘皮精油提取方法也有差异。冷榨法适合于果皮，一般宽皮柑橘常用此法，我国的广柑、雪柑、蕉柑等均适用，该种方法是以除去果肉的果皮为原料。冷磨法一般以橙类、柠檬等果皮较厚的柑橘品种为原料。蒸馏法一般适用于柑橘皮，原料先用水泡软，沥干后浸泡于石灰水中。原料要求新鲜、无腐烂变质。不同的原料品种及栽培措施对精油的产量和品质影响很大。

②磨皮。

在橙类榨汁过程中，榨汁机自带有磨皮装置。磨皮可以在榨汁前完成，也可以与榨汁同时进行。磨皮的同时，原料上方会出水喷淋，将经磨皮后流出的精油冲洗出来。

③石灰水浸泡。

采用冷榨法时，需将果皮原料浸泡在1.5%～3%的石灰水中，保持pH值10左右，浸泡6～10小时，果皮与石灰水比例为1∶（4～6）。使果皮软硬适度，其目的在于硬化果皮，利于压榨，并破坏液体杂质，利于油水分离。如浸泡不透，果皮过软，压榨时会打滑和产生糊状混合物，造成压榨困难。但浸泡过度，果皮变脆硬，压榨时渣呈粉末状，会降低出油率影响品质。

石灰浸泡液可以反复使用2～4次，每次应测定其pH值，补加石灰量。除石灰外，浸泡液还可使用硫酸氢钠、碳酸钠、硫酸钠等。

④冲洗。

将符合要求的果皮捞起，放入清水池中或用清水洗去果皮表面的石灰浆和泥沙等杂质，降低果皮的碱性和杂质量，从而减轻压榨机的零件磨损和提高油水混合液进入离心机后的分离效果。

⑤压榨。

通过压榨机将果皮中的精油压出，常用的压榨机有螺旋压榨机、三辊压榨机、"斯付马垂"（Sfumatrici）式压榨机等。

⑥过滤。

从冷磨机或压榨机出来的油水混合物，含有皮渣等杂质，须先进行过滤和多次沉淀，以减轻离心分离机的压力。滤渣挤干后可经蒸馏器回收精油，一般先用方筛或圆筛过滤，然后用压榨机使粗渣所含油乳液可以完全榨出，最后通过细孔的圆盘过滤粗渣。

⑦离心分离。

油水的分离采用高速离心油水分离机，其工作原理是由许多倒锥式的碟片组成，不同密度的液体或液体中少量杂质，在高速回转的鼓内产生不同大小的离心力，从而得到分离。为了促使香精油从混合物中分离，可以添加约2%的氢氧化钠及少量硫酸钠于榨油所用的水中。

⑧精制。

油水混合物经离心分离后，即为粗精油，应加以精制。可用无水硫酸钠脱水，然后静置澄清透明后滤去残渣，取上清液，残渣可再离心分离。

澄清精油还需进行脱蜡处理，蜡的存在不仅影响外观，还影响真空蒸馏除萜。脱蜡方法是将精油置于低温下静置，蜡质析出后再用离心分离的方法除去。

5. 果胶

（1）工艺流程。

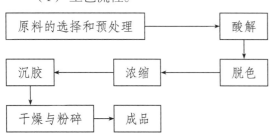

（2）工艺要点。

①原料。

柑橘皮中果胶的含量为果皮干重的20%～30%，大部分存在于果皮层中。果胶生产常选用新鲜的柑橘果皮，如甜橙、蜜橘、柚子、柠檬和金橘皮。

柑橘黄皮层、白皮层、囊衣、汁胞和中心柱均含有大量果胶，以原果胶形式存在，组织之间和品种之间含量差异很大，一般含量和质量按以下次序呈下降趋势：莱姆>柠檬>葡萄柚>橙>宽皮橘类。在一个果实中，白皮层的果胶含量和质量均为第一，汁胞中果胶的含量和质量为最低。

②原料预处理。

提取果胶的柑橘皮需要在100℃沸水中灭酶5～8分钟，以防止果胶酶对果胶的破坏。灭酶后的柑橘皮用清水浸饱洗涤两三次，以脱除残留色素和提取色素后残留的乙醇。

③酸解。

将漂洗后的柑橘皮放酸解容器中，加10倍干重的清水，用1∶1的盐酸调至pH值2.0，加热并保温在80～90℃，搅拌酸解1.5～2小时。酸解完毕后，用抽滤或压滤的方式滤出酸解液。滤饼用热水洗涤两次，洗涤水量不宜过多。合并滤液和洗涤滤液，趁热将其转移到脱色釜中。

④脱色。

脱色剂可根据来源的方便选择活性炭、硅藻土、脱色树脂（如732树脂）、木炭等，其脱色效果依次为脱色树脂＞活性炭＞硅藻土＞木炭，价格则刚好相反。将酸解液加热并保温在70～80℃，加入脱色剂，搅拌脱色约30分钟。脱色剂的用量应视酸解液颜色的深浅而定，一般用量为酸解液质量的1%～5%。脱色后趁热过滤，滤液转移至浓缩釜中。若采用树脂脱色，可将稀碱溶液再生脱色后的树脂重复使用。

⑤浓缩。

最好使用真空浓缩装置浓缩，温度控制在60℃左右，以保证果胶的品质。浓缩到原液体积的15%左右时，将浓缩液放出并迅速冷却。

⑥沉胶。

在缓慢搅拌下，分散加入95%的乙醇使果胶沉淀出来。乙醇的加入量以溶液中乙醇总含量的50%为宜。加入完毕后，停止搅拌，静置6小时。用抽滤或压滤方式过滤出粗果胶饼，将滤液蒸馏回收乙醇。

将粗果胶饼打散，用95%以上的乙醇洗涤两遍，滤干，乙醇回收。在沉胶前先用稀碱液将浓缩液的pH值调至3～4，沉胶效果更好。

⑦干燥与粉碎。

将洗涤后的果胶在60℃下真空干燥至含水量低于10%。冷却后粉碎，过80目筛就得到果胶产品。

6. 膳食纤维

（1）工艺流程。

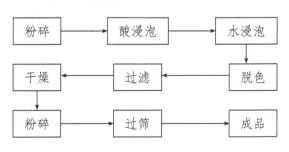

（2）工艺要点。

①原料。

柑橘加工过程中产生的废弃物：柑橘皮，是生产膳食纤维的良好材料，其主要成分是纤维素和半纤维素。

②粉碎、酸浸泡。

将自然风干的柑橘果皮粉碎至1～2毫米粒度后，浸泡在0.02毫升/升盐酸中，室温搅拌0.5小时，过滤留渣。

③水浸泡。

将预处理好的柑橘皮按重量比1：20投入水中，调pH值为2.0，温度控制在85～90℃，搅拌提取1小时，压滤过渣，滤液为果胶提取液。

④脱色、过滤、干燥。

滤渣用50～60℃的水浸泡后冲洗至中性，加5%的过氧化氢在温度为20～30℃、pH值5～7条件下脱色10～15分钟，再用水、40%～50%乙醇洗清，减压过滤，真空干燥。

⑤粉碎、过筛。

将干燥后的纤维素粉粉碎，过200目筛，即得淡黄色粉状的食用膳食纤维。

7. 柑橘果酒

柑橘果酒是以柑橘类水果为原料，经过破碎、榨汁、发酵或浸泡等工艺酿制、调配而成的低度饮料酒。

（1）工艺流程。

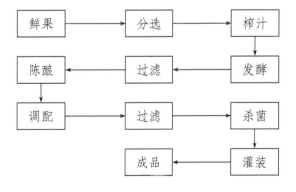

（2）工艺要点。

①原料。

原料品种是保证果酒产品质量的因素之一，它将直接影响果酒酿制后的感观特性。用于酿制柑橘果酒的原料应选择含糖量高的柑橘品种，如甜橙等。原料应充分成熟、色泽鲜艳、无病和无霉烂，去掉杂质并冲洗干净表面的泥土。

②榨汁。

参阅本章第一节。

③发酵、陈酿。

在柑橘汁中按1∶1的体积比加入纯水，在80℃下巴适灭菌10分钟，在调糖罐中加入蔗糖，酿造酒精含量为10%～12%的酒，果汁的糖度需17～20度。如果糖度达不到要求则需加糖，实际加工中常用蔗糖或浓缩汁。

二氧化硫在果酒中的作用有杀菌、澄清、抗氧化、增酸、使色素和单宁物质溶出、还原作用、使酒的风味变好等。使用二氧化硫有气体二氧化硫及亚硫酸盐，前者可用管道直接通入，后者则需溶于水后加入。在果胶酶酶解后的橙汁中加入二氧化硫，或者加入80～100毫克/升的偏重亚硫酸钾，抑制杂菌的生长。

生产中接种的酵母菌需经3次扩大培养后才可加入，分别称一级培养（试管或三角瓶培养）、二级培养、三级培养。一级培养：于生产前10天左右，选成熟无变质的水果，压榨取汁。装入洁净、干热灭菌过的试管或三角瓶内。试管内装量为1/4，三角瓶为1/2。装后灭菌30分钟。冷却后接入培养菌种，摇动果汁进行培养，发酵旺盛时即可供下级培养。二级培养：在洁净、干热灭菌的三角瓶内装1/2果汁，接入上述培养液，进行培养。三级培养：选洁净、消毒的10升左右大玻璃瓶，装入发酵的果汁至容积

的70%左右，加热杀菌，后者每升果汁应含二氧化硫100毫克，放置1天，用70%酒精消毒，接入二级菌种，用量为2%，在恒温箱内培养，繁殖旺盛后，供扩大用。

发酵温度控制在20～30℃，发酵时间随酵母的活性和发酵温度而变化，一般为3～12天。当残糖降为0.4%以下时主发酵结束。之后应进行后发酵，在12～28℃下放置1个月左右，即陈酿。

④调配。

果酒的调配主要有勾兑和调整。勾兑即原酒的选择与适当比例的混合；调整即根据产品质量标准对勾兑酒的某些成分进行调整。勾兑，一般先选一种质量接近标准的原酒作基础原酒，据其缺点选一种或几种另外的酒作勾兑酒，加入一定的比例后进行感官和化学分析，从而确定比例。调整，主要有酒精含量、糖、酸等指标。酒精含量的调整最好用同品种酒精含量高的酒进行调配，也可加蒸馏酒或酒精。甜酒若含糖不足，用同品种的浓缩汁调配效果最好，也可用糖，视产品的质量而定；酸度不足可用柠檬酸进行调配。

⑤过滤、杀菌、灌装。

过滤有硅藻土过滤、薄板过滤、微孔薄膜过滤等。果酒常用玻璃瓶包装。装瓶时，空瓶用2%～4%的碱液在50℃以上浸泡后，清洗干净，沥干水后杀菌。果酒可先经巴氏杀菌再进行热装瓶或冷装瓶。含酒精低的果酒，装瓶后还应进行杀菌。图6-17为湖北省秭归县屈姑食品有限公司柑橘果酒酿制车间。

8. 柑橘风味果醋

柑橘风味果醋是以柑橘类水果为原料，

图6-17　柑橘果酒酿制车间
（资料来源：秭归县屈姑食品有限公司）

经过破碎、榨汁、发酵或浸泡等工艺酿制、调配而成的果醋饮料。

（1）工艺流程。

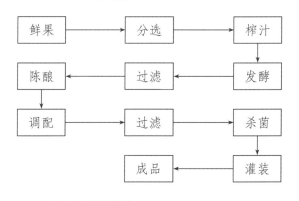

（2）工艺要点。

①原料。

原料应选择充分成熟、色泽鲜艳、无病和无霉烂的柑橘，去掉杂质并冲洗干净。

②榨汁。

参阅本章第一节。

③发酵、陈酿。

添加5%的大米与蜜柑混合发酵，成品的总酸、不挥发酸、氨基酸态氮含量均显著高于采用单一蜜柑原料发酵果醋的含量。采用4.3%超级酿酒高活性干酵母+3.3%白酒王高活性干酵母+4.3%葡萄酒高活性干酵母的酵母配方混合发酵。发酵温度控制在20～30℃，发酵时间随酵母的活性和发酵温度而变化，一般为3～12天。酒精发酵结束后，调节酒精度，通常调节到7%左右，接种活化好的醋酸杆菌，接种量为3%，发酵温度在30℃左右。发酵周期大约20天，酒精含量降到0.1%以下。常温陈酿一两个月。

④过滤、杀菌、灌装。

过滤有硅藻土过滤、薄板过滤、微孔薄膜过滤等。果醋常用玻璃瓶包装。装瓶时，空瓶用2%～4%的碱液在50℃以上浸泡后，清洗干净，沥干水后杀菌。果醋可先经巴氏杀菌再进行热装瓶或冷装瓶，装瓶后还应进行杀菌。

9. 柑橘果丹皮休闲食品

柑橘果丹皮是以柑橘类水果为原料，经过破碎、打浆、浓缩、烘烤、切片等工艺制成的休闲食品。

（1）工艺流程。

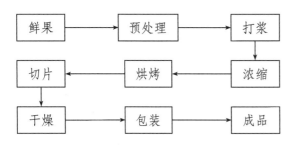

（2）工艺要点。

①原料。

原料应选择充分成熟、色泽鲜艳、无病和无霉烂的柑橘，去掉杂质并冲洗干净。

②预处理。

先将柑橘洗净，剥皮后将果皮放入同重量沸水中预煮9分钟以上，除去苦涩味。沥干水后用清水浸泡备用。

③打浆。

将带少量果皮的柑橘果肉在打浆机内打成浆汁。添加适量水，胶体磨逐步将柑橘皮泥磨成颗粒粒径小于100微米的浆汁（离心）。

④浓缩配料。

把柑橘浆汁置于不锈钢锅或夹层锅内直接加热或蒸汽加热浓缩。最好使用真空浓缩或夹层锅蒸汽加热，60℃以下。

首先蒸发部分水分，然后加入白糖，比例为原料量50千克加入白糖25千克或40千克，并按照原料所含的酸分适当加入柠檬酸，使其总酸量达0.5%～0.8%，然后加热浓缩呈浓厚酱体，其固形物达55%～60%，最后可适当加入少量柑橘香精。

⑤摊皮烘烤。

将柑橘浆倒在一块6毫米深的钢化玻璃板内，板内事先铺上一层白布，浆体倒在白布上，厚度2毫米左右，然后进入烤房烘烤，在60～70℃条件下烘到半干状态。

⑥揭皮切片。

从烤房取出后趁热将块状柑橘酱揭起，否则极不易离开布块。用手工或机械方式将其切成方形或圆形饼状。

⑦干燥。

成品再送热风烘干机干燥，将含水量控制到5%。

10. 柑橘型调味料酒

柑橘型调味料酒是柑橘汁（去皮榨汁）配以适量食用葡萄糖和酵母粉，经多酵母组合协同发酵，再辅以柑橘皮和香辛料等调味辅料的调配，最后经过滤、瞬时高温灭菌和灌装等工序制成的。

（1）工艺流程。

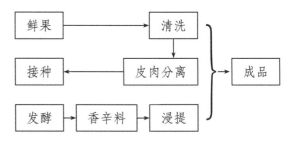

（2）工艺要点。

①原料。

原料应选择充分成熟、色泽鲜艳、无病和无霉烂的柑橘，去掉杂质并冲洗干净。

②发酵。

用无菌接种环从酵母活化斜面上调取一

环，接入酵母浸出粉胨葡萄糖培养基中，振荡培养18小时，8000转/分钟离心收集菌体用于料酒发酵。

在100毫升柑橘肉汁中添加一定浓度的葡萄糖和（或）酵母粉，接种特定浓度的活化酵母泥，振荡混匀，置于30℃下静置培养，并每隔24小时取样用于检测分析。

活化酵母泥加入的方法：从基液中吸取1毫升加入含离心收集酵母泥的离心管中，用移液枪吹吸打散酵母泥，再全部转移至发酵基液中。

③香辛料的浸渍。

采用八角、花椒、豆蔻、小茴香、白芷、木香、砂仁、甘草、草果、丁香、山奈和良姜等香辛料，与柑橘皮复配，按照总浓度1%（重量/体积）加入已发酵好的料酒中，室温静置浸渍3天。

图书在版编目（CIP）数据

柑橘安全优质高效生产与加工技术 / 蒋迎春，潘思
轶主编 . — 武汉 : 湖北科学技术出版社，2016.7
（湖北省园艺产业农技推广实用技术丛书）
ISBN 978-7-5352-8882-0

Ⅰ.①柑… Ⅱ.①蒋… ②潘… Ⅲ.①柑桔类—果树
园艺②柑桔属—水果加工 Ⅳ.①S666②TS255.3

中国版本图书馆CIP数据核字(2016)第136845号

责任编辑 : 胡　婷　　　　　　　　　　　　　　　　封面设计 : 胡　博

出版发行 : 湖北科学技术出版社　　　　　　　　　电话 : 027—87679468
地　　址 : 武汉市雄楚大街268号
　　　　　（湖北出版文化城B座13—14层）　　　　邮编 : 430070
网　　址 : http://www.hbstp.com.cn

排　　版 : 武汉藏远传媒文化有限公司　　　　　　　邮编 : 430070
印　　刷 : 武汉市金港彩印有限公司　　　　　　　　邮编 : 430023

787×1092　　　　　1/16　　　　　　6.25印张　　　　　　100千字
2016年7月第1版　　　　　　　　　　　　　　　　2016年7月第1次印刷

定　　价 : 22.00元